THE HOME EDIT

A Guide to Organizing and Realizing Your House Goals

收纳的基本

整理家之前，你需要知道的事

[美] 克莉·希勒 [美] 乔安娜·特普林 著

陈晓宇 译

Clea Shearer & Joanna Teplin

中信出版集团 | 北京

图书在版编目（CIP）数据

收纳的基本：整理家之前，你需要知道的事 /（美）
克莉·希勒，（美）乔安娜·特普林著；陈晓宇译. --
北京：中信出版社，2021.5
　书名原文：THE HOME EDIT
　ISBN 978-7-5217-2492-9

　I. ①收…　II. ①克…②乔…③陈…　III. ①家庭生
活—通俗读物　IV. ①TS976.3-49

中国版本图书馆CIP数据核字（2020）第 231487 号

收纳的基本——整理家之前，你需要知道的事

著　　者：［美］克莉·希勒　［美］乔安娜·特普林
译　　者：陈晓宇
出版发行：中信出版集团股份有限公司
　　　　　（北京市朝阳区惠新东街甲 4 号富盛大厦 2 座　邮编　100029）
承 印 者：天津丰富彩艺印刷有限公司

开　　本：787mm×1092mm　1/16　　印　　张：15.75　　　字　　数：136 千字
版　　次：2021 年 5 月第 1 版　　　　印　　次：2021 年 5 月第 1 次印刷
京权图字：01-2020-4589
书　　号：ISBN 978-7-5217-2492-9
定　　价：89.00 元

目录

我们做得到，
你也能行

如果一想到整理家里，你就有点儿喘不过气，这本书可以让你放松下来。老实说，我们虽然是本书的作者，但也搞不定熨衣服、煮饭这样简单的家务（煮饭盖盖子吗？要搅拌吗？为什么煮饭这么复杂？）。不过，我们在整理房间上有绝招，走进一间房间，扫一眼室内杂物，马上就能想到一个有条不紊的整理计划。所以，如果像我们这样不擅长做家务的人都能把混乱的家理出头绪，你也一定可以。

"超级家居整理"（The Home Edit，简称THE）公司刚成立的时候，我们就定下明确的目标：颠覆人们对整理的看法。现在……我们明白这不是给大脑做手术，也不是治疗癌症。但是，我们亲身感受到整理带给生活的巨大改变：清除室内杂物，让每一处空间更实用。孩子能在橱柜里找到麦片，自己解决早餐（早上多睡30分钟，真的是千金不换），或者清理了20年前的衣服（别怀旧了，你的女儿以后不会想要你的T恤）之后终于找到了自己想要的衣物。

我们可不像一般的整理师，只知道用储物盒和标签收纳，我们想真正发挥空间的作用，并且让它看起来更美观。所以，我们设计了一个独一无二的系统，让空间在实用的基础上增加一重视觉美感，这快赶上室内设计师的工作了。

我们这样做，不是因为要把家放在网上炫耀，或者真的想把所有东西按照颜色分类，而是因为我们认为整理空间不仅仅是把东西放到固定的位置，也不应该只是为了房间的外观。我们想要展现功能与形式统一的神奇魅力——高效、方便使用且具有美感的空间，能一下子捕获所有人的心。它不仅能让家里的每个角落变得更赏心悦目，我们还发现，功能与形式的统一会让人更愿意保持空间的整洁。这才是意义所在！如果客户没法儿维持我们整理后的状态，那么我们的工作就没起作用。

如果一年后再去你家，我们可不愿意再次使用"超级家居整理术"。说实在的，我们回访客户的时候，第一件事情就是去查看梳妆台抽屉或衣柜，看它们是不是像我们上周整理过的那样整洁。如果是这样，我们就奖励自己一个五星好评。你猜怎么着？我们的业绩表上全是五星，因为我们的整理系统确实有用（当然，记录这些是因为我们对客户好评的喜爱不亚于对贴纸图表的爱）。

不久之后，我们感觉有大事发生。美国各地的客户，比如格温妮丝·帕特洛、莫莉·希姆斯、瑞秋·佐伊、蒂凡妮·西森和敏迪·卡灵[1]，都希望我们提供服务。接着，我们的作品开始登上《多米诺》（*Domino*）、《建筑文摘》（*Architectural Digest*）、《今日秀》（*Today Show*），甚至是塔吉特的官网（这是我们人生中最激动的经历；好吧，生孩子也是）。我们的曝光度越高，受到的质疑越多："我家到底能不能那样？格温妮丝·帕特洛的家，一定费钱、费时又费工。"实际上，并非如此。我们不会骗你说整理很容易，因为确实需要花费时间、力气和心思，而且比人们想象中更需要激情。但是如果你建立好整理系统，并按照规矩收纳——不奢望一蹴而就，你家也能像明星的家一样整洁。这点你可以放心，因为我们做得到，任何人都能行！（请翻到 18 页，"你能成为好的整理者吗？"）

---

[1] 瑞秋·佐伊是好莱坞著名造型师，其余几位是美国演艺明星。——译者注

背后的故事

　　成为整理师之前，我们就是普通人，做着普通的工作，甚至可能比普通人还普通。我们开始时并未想到要成为整理师，甚至也没想到会一起开公司。事实上，我俩之前根本不认识！真的！所以，在继续谈论家居整理的内容之前，请允许我们稍稍介绍一下自己……实际上由我们的朋友利娅来讲述我们的相遇更合适，因为我们因她结缘。

利娅眼中我俩的相遇

2015 年 5 月，克莉第一次搬到纳什维尔。来到这儿之后，她的想法是："我一个 33 岁的女人，到了一个陌生的城市，谁也不认识。因为丈夫的工作，我们搬来这里，然后呢?!"她开始感到恐慌。搬家之前，克莉就想过成立一家公司，但对她来说在洛杉矶开公司更靠谱些——她在那儿有客户基础（而且绝对不少）。她想，反正自己从来没有按照常理出牌，所以不管听起来多荒谬，她都要开一家整理公司，搬家了也要开。

克莉刚搬到纳什维尔，我们就在 Instagram（照片墙）上互相"关注"了（不然现在成年人怎么交朋友?），很快便相约一起吃早餐。我们聊孩子、丈夫，身为犹太移民在纳什维尔的感受（这里总共只有 11 个犹太人）以及经营公司的事。她说，她正在考虑开一家提供全方位服务的家居整理公司，我说："哎，等等！我有个叫乔安娜的朋友也想在这儿开整理公司。她也是犹太人，也有两个孩子，老公也从事音乐工作，也刚搬来这里！"我想，这真是太棒了！她们一定会一见钟情！

我赶紧给乔安娜打电话，告诉她命运的安排，她的反应是"不是吧。我不想，谢谢你的提议"。她的原话是："我不想跟人合作。跟她一起吃顿午饭，或者交个朋友都行。但是我以前从不跟人合伙做生意，合伙开公司肯定行不通。"不过，事情还是有进展的，至少她俩一起吃午饭了。我也没抱太大希望，但也没想到这两人的午餐吃了 4 个小时，而且已经开始讨论把整理生意做到全世界。剩下的事情，你们都知道啦！不用谢我哦！

爱你们的利娅

显然，从见面的那刻开始，我们就决定了一起开公司。那天 4 小时的午饭之后，晚上我们一边给孩子们洗澡，一边用短信沟通公司的蓝图。我们想到用"超级家居整理"这个名字注册域名和社交账号，甚至开始填写有限责任公司的注册申请文件。整理师就是这么高效，不是吗？当然，多年之后回想起来，我们自己都觉得惊讶——我们竟然和一个只认识几小时的人合作，别说调查背景了，甚至连在谷歌上搜索一下对方都没有。搞笑的是，我们由一位共同的"朋友"牵线，而这个朋友也只是在 Instagram 上认识的网友。确实不是最合常理的举动，但是我们原本也不是循规蹈矩的人。毕竟，我们刚刚搬到一个陌生的地方，身边没有朋友或家人，所以，只能继续跟随自己的直觉。

当然，这是我们做过的最疯狂的事情，但是成功了，我把这归结于"犹太人日常用品和秘密武器"（请看第 50 页）。我们都相信直觉，正是这一点让我们合作无间。我们俩在很多方面都大相径庭，喜欢不同的香槟和糖果，但是相似点也很多！我们都能抓住直觉，并展开行动；我们不会浪费时间分析，纠结到愁眉苦脸；我们只是去做，去实现自己的想法，无论是白手起家开公司，整理客户的杂物，还是解决遇到的任何困难。有时我们因为工作而痴迷于购物，无法自拔（这里要向我们的老公致歉），这个以后再说。

在空间整理方面，我们的差异总是相得益彰。克莉曾在时尚圈工作，有艺术专业背景，总能从美学角度提出建议；乔安娜的整理背景更传统，因此成为这项工作的核心。我们在风格和实用性之间找到了平衡，因为我们尤为坚信，整洁对一个家来说至关重要，只有整洁的家才能有效且高效地运转，心灵才能因此获得平静。

如果你有以下举动，

就是一个有"强迫症"的整理狂：

1. 在脑子里（有时付诸行动）开始重新整理商店的陈设。

2. 总是思考为什么星巴克不把甜味剂按照颜色排列而是搞得一团糟。

3. 把整理家里当作主要的有氧运动。

4. 朋友总会开玩笑地给你家的东西挪个位置，看你能不能发现。（我们每次都会察觉，所以别再瞎搞了！）

5. 给任何放在固定位置的物品贴标签。

我们知道，别人觉得我们俩疯了：谁会这么想不通去做整理师？疯子才会想每天替别人清理囤积的意大利面和成堆的衣服。所以，当有人问我们为什么想做整理师的时候，我们会回答，因为我们在其他方面不擅长，这确实是我们唯一擅长的事。我们只是在这一领域很有天赋（至少还有长处，感谢老天爷），不仅如此，我们也真的对此充满热情。这不仅是我们的工作，还是我们大脑运行的结果。当我们走进一户人家，发现到处是凌乱的抽屉时，我们会感到兴奋；我们喜欢抽丝剥茧，找到房间凌乱的根源，然后找到最佳对策。很快你就会知道如何处理凌乱的抽屉。（准备好迎接属于你的激动时刻！）

我们不是为了收集五星好评、获得自我满足才做整理师（不过我们真的喜欢得到好评）。我们喜欢针对整理问题进行提问，想知道人们如何自己整理和收纳，想给尽可能多的人提供答案。我们想把能给你带来平静和秩序的工具带到你的家里。我们想最终让你明白的不仅仅是东西该放到哪里，还有为什么这么放。最后，我们希望最终的结果会让你像我们的客户一样开心。我们想让你对自己的家和自己的整理能力感到满意！"我就是不会整理的人"，这种借口我们听了太多。其实，你完全可以学会整理。我们不仅会帮你成为擅长整理的人，还会给你自信，让你相信自己的整理系统会长久有用。

看这里

还有什么比摆放整齐的冰箱看着更舒服呢（当然，这是我们的一面之词）？赶紧开始整理吧！

你能成为好的整理者吗？

就像我们之前说的那样，你不需要成为职业整理师，也能很好地收纳物品。只要你了解基本流程，保持适当坦诚，并掌握一系列策略、工具、技巧和诀窍，就能找到整理空间的最佳方式。如果你还是没信心，问问自己这些问题：

1. 当家里的东西都收拾妥当的时候，我是否会感到一丝平静？

2. 看到真的十分整齐的物品时，我是否为之倾心？

3. 我是否相信整理物品能让生活更轻松？

如果你对这些问题中的任何一个的回答是肯定的，那么你就能够处理本书中说到的任何问题。你对此是否擅长并不重要——我们会帮你实现；关键是，你想要这么做。

我们的承诺

假如你不像我们这般急不可耐地直接翻到"杂物抽屉不再杂乱"的部分（好吧，着急的话就翻到第193页），那就给我们点儿时间谈谈整理的重要性吧。相信我们，假如我们仅仅为了登上杂志封面而整理房间，那我们早就失业了。因为仅仅为了好看而布置的空间，不可能长期保持那种状态，而且整理房间的意义不仅限于美感。搞清楚你为什么觉得有必要让家里变得有序，这和怎么收拾家里一样重要。不然，你很难有动力清理那么多架子和抽屉，更不用说在接下来的几个月里让它们保持整洁了。所以，即便我们知道你急于开始，还是希望你花些时间了解整理对你和你的家庭有哪些常见的好处，并在你选择从哪个空间开始整理时把这些记在心里。

1.
节省时间。简单算一下就知道了：如果你知道东西都放在哪儿，就能更快找到，用完之后更快收好。

2.
节省开销。除了最初购买的基础装备（抽屉隔断、储物盒、储物篮、挂钩等），你能清楚地看到家中常备的厕纸、麦片、T恤和胶带，就不会找不到已经买过的东西，也不会忘记已经买过。而且留出一定的空间给固定的物品，你就不会买更多东西，除非有足够的空间。

3.
保持清醒。作为母亲和妻子，我们经常要扮演家里的守门人——其实每家都有一个这样的"多面手"，他们知道每件东西放在哪儿。无论是零食、牙膏还是发绳，如果每件物品都有各自的位置，而且在容易取用的地方，就会很方便。然后，每个人都知道东西放在哪儿，如何自取，而且更重要的是，用完之后能收好。这就是我们喜欢整理家庭游戏室的原因之一：不仅看着舒服，而且能激发创造力，还能给孩子们营造一个视觉体系，以便他们也参与整理。

4. **标志结束。** 众所周知，我们会给自己的东西赋予情感价值，而且这种依恋的情感很强烈。释放或了断的最好方式，大概就是处理掉那些给你带来压力的物品（不管你是否意识到它们在拖你后腿）。当你笃定不会再生小孩的时候，就把婴儿的衣服捐出去，甚至是那些你觉得有一天能够穿进去的牛仔裤，也可以打包，这些都是了断。这在我们看来不是小事，因为它们需要谨慎处理——人们常常因为内心的情感陷阱而拒绝了断。我们有个客户一直不愿意整理相册，因为她妈妈刚去世。没有人想要处理如此复杂的感情，但是我们心里也清楚，通过一步步清理空间（物质上和情绪上），你会得到健康和满意的解脱。

5. **抚慰人心。** 我们喜欢整理家里的一个重要原因是，当每件东西都归置好之后，我们会感到非常平静，我们也常听客户这么说。当你身处一个杂物极少且井然有序的空间时，你会感到更踏实，更能喘口气儿；每样东西都安排妥当，没有黑洞一样的橱柜或是衣柜让你觉得心烦意乱。我们大多数客户反馈，在我们整理过他们的家之后，他们的压力减轻不少。如果你与平和的内心之间只差一支马克笔和一些亚克力储物盒，那么我们乐于为你效劳！

整理师也需要人帮忙整理

本书的结构安排都为了一个目的，即让你收获最好的结果，而不至于完全无所适从；让你的空间发挥最大潜能；帮你长时间保持空间的完美、整洁。阅读本书，就像我们两人亲自到家为你服务一样。所以，不管你对自己的整理有多大信心，我们都强烈建议你按照我们的计划执行，因为真的有用！

而且事实上，即便是整理师，也需要指导。真的，即便是最有条理和秩序的A型人格的人，也需要客观、公正、无私的人帮他们在这条路上继续走下去。

说实话，我们亲身体会到面对一个令人恐惧的大项目有多难……比如，写这本书。我们根本不知道从哪儿开始，收拾家里也是一样。所以，任何成年人此时都会寻求帮助，以便回到正轨。而且，不瞒你们说，整理一本书的内容不亚于整理一个空间：你必须清点所有你想要留下的东西，舍弃不想要的东西，把剩下的东西按类别分类，确保它们尽可能易于取用、整体看起来好看。但即便我们对整理的过程了然于心，但在写作的过程中，如果没有指导也很难完成，因为这对我们来说是全新的领域（翻到第9页）。我们希望，在你的整理旅程开启之时，这本书会成为你的指南。因为我们都是一类人，在世界中心理所当然地呼唤帮手！

清理

命中注定的午餐之后的那个夜晚，我俩顾不上给孩子好好洗个澡，就忙着互相发短信，绞尽脑汁想为我们的新公司取一个完美的名字。我们试了好几种组合，当"超级家居整理"这个词冒出来的时候，我们决定就用它了。这就是我们想要的名字，清楚地诠释了我们的整理哲学：清理家中所有物品。或者更具体地说，整理过程的开端就是把你的物品削减到最常用、最喜欢和最重要这几类。我们公司的标志——简洁的花体字被月桂枝围在中间，仅保留最核心的部分，优雅地呈现流畅的韵律和节制的气质——概括了这一理念。

不管是整理衣橱、游戏室还是冰箱，我们都会从适当的清理开始。所以，在讨论具体的空间需求之前，我们一定要好好聊一聊清理。它是整理方法论的关键，这套方法能帮助你充分评估空间和所有需要归置的物品。了解这些物品的唯一方式，以及整理它们的最佳方法，是确保所有你想要让它看上去非常棒的东西，确实值得花费时间和精力。简单来说，清理过程如下：

1. 把所有东西拿出来

掏空要整理的空间（也就是说，一件也不留）。

2. 分门别类

把相似的物品放在一起，这样你才能看得更清楚。

3. 断舍离

丢掉那些不会再用或不喜欢的东西。

我们知道不是每个人都喜欢清理。即便它有时会让你感到很难受，或者在整理的过程中经历一连串情绪起伏，但是这和去健身房或是吃蔬菜一样，都是为了自己好。清理是让整理系统可持续的基础，如果光想着去家具店或塔吉特百货（我们敢说，你很快就会推着推车在这些地方购物）而跳过这部分，你就是在给自己找麻烦。经过清理，你才能给要用的、喜欢的东西腾出空间，那些一直堆在家里、破坏家中完美秩序的东西，赶紧丢掉吧。

拥抱"低标生活"

"低标生活"是我们提出的一种信条，用来形容勉强度过一天但是仍有成就感的生活。你值得因为这种生活方式拍拍自己的肩膀，给自己一个肯定，然后倒杯喝的，瘫在沙发上。"低标"可以应用到生活的方方面面：给孩子洗澡，我们就给为人父母的自己打五星；用微波炉加热剩下的比萨，就再来一个五星。洗头而不是把油油的头发扎起来，超五星！

低标生活守则

我们的行为准则大致如下：

1. 加热食物也是烹饪。
2. 比萨就是一种没有生菜的沙拉……上面有奶酪、番茄，再加一大块面包丁。我们的比萨游戏挺好的！
3. 运动服每天都能穿，因为生活就是一种锻炼。
4. 香槟本质上就是气泡水。
5. 逛商店也算有氧运动。

关键是把生活标准降得足够低，让自己轻松实现各种小胜利，毕竟生命那么短暂，没有时间因为没穿像样的裤子或是没有每天健身而不停自责。

整理也是一样。大到让人望而却步的任务太可怕了，但每次实现一个很小很小的目标，就能激励你继续下去。假如整理是生活中唯一设置高标准的领域，那么最难的部分我们已经替你做完了。我们为你设定了更容易的标准，这样你的任务变得简单易行，并且能轻松实现。给自己点儿耐心，每完成工程的一小步就给自己打五星，不要吝啬，也不要担心。

整理中最大的陷阱之一是选择了一个太棘手的任务——还有一个小时就要接孩子放学了你才开始收拾，家里被弄得一团糟，然后你挣扎着想把每件东西归位。最后，你发誓再也不这么做了。如果你按照我们的方法来，我们保证这种情况不会发生。

整理的关键是保持动力。从一个较小的工程开始，然后把你之前获得的自信和经验应用到更大的工程上。我们知道，你幻想着家里所有干货都放在好看的罐子里——会的！但首先，你要清楚自己的时间、经验和能力。不需要为从小处着手感到羞愧。实际上，我们非常建议你从一个抽屉开始。

是的！就是**从一个抽屉开始**。这是尝试整理的理想场所。按照清理的每一步收拾任何空间都行，只不过要一点点开始。掏空一个抽屉比掏空一个衣橱要容易得多，很快你就能看到隧道尽头的胜利曙光——整理抽屉里的东西更简单、更顺利。接着你可以把所有物品重新塞回去，然后翻到这本书第 52 页的《收纳》部分，看看怎么样归置剩下的东西。

感觉很好？那就换个空间继续施展你的"超级家居整理术"魔力吧！

接下来我们将告诉你哪些空间更容易整理，哪些更费时、费力。

入门级

一个抽屉

任何抽屉都行！但是一开始只收拾一个。一个抽屉是最好的出发点，因为它小，好收拾，这样你才能旗开得胜。本书《收纳》部分有很多抽屉整理案例，可供你参考。我们私心推荐厨房的"杂物"抽屉，因为常常被用到！

水槽下空间

水槽下的区域真闹心，而且（看上去）非常具有挑战性，但其实很容易收拾。和抽屉一样，这里可以容纳不少东西，把东西放在合适的位置就行。

中等难度

卫生间

我们还是建议从小处着手，每次处理一点，不过卫生间是小空间里容易收拾的。里面的东西你常用吗？有些是不是已经空了或者旧了？要么扔掉，要么留着，然后你就能宣告收拾卫生间胜利啦。

游戏室

收纳玩具让人头疼，但是其实可以很简单。如果你经常清理那些不再拿出来玩的、缺角的和用旧的玩具，你的任务会减轻很多。有什么好处呢？你可以把打算丢掉的玩具捐到当地的救助站。还有好处？清理孩子留下的烂摊子是世界上最好的有氧运动，可以说是最棒的低标生活！

高难度

衣帽间

　　整理衣帽间有时候感觉像是在爬山。原因是，它不仅对体力是个挑战，还会让人精神疲惫、心情复杂。翻动衣架的时候，你的大脑一直在想，"这件裙子我还能穿吗？""但是如果我决定再要一个孩子呢？"这都正常。这本书里有"断舍离的原则"（翻看第41页），帮犹豫不决的你决定东西的去留。别忘了，我们要过低标生活，整理的时候先把标准放低，以后再慢慢提高。

厨房和食品柜

　　食品柜在很多方面和衣柜完全相反：你不会对杏仁粉和腰果产生感情，所以更容易取舍。整理的难点是，这里是一个巨大的魔方，一旦被打散，重组起来就非常烦琐。厨房也是如此。所以，确保在清空架子和抽屉之前，好好清点你的储存空间，然后制订整理计划。《收纳》部分我们会给出很多厨房和食品柜整理案例，你要做的是选一个跟自己的家最接近的，直接照搬就行。

第一步：

把所有东西拿出来

这一步，你的观念将向前迈出一大步。东西会因此变乱吗？当然。会发现一些让你心中隐隐作痛的东西吗？很可能。非要触碰抽屉、橱柜、衣橱里的每件东西，拿出来放到一边，再重新收纳吗？必须的。这意味着完成这一步之后，柜子里面应该完全是空的。只有这样，你才能找到丢在橱柜角落里灰扑扑的钱包，或者食品柜最里面过期的食物。

如果你还把所有东西留在原处，等于在说，"这些东西我都会吃"或者"这些衣服我都会穿"，但我们要告诉你，正是这种想法让家里开始变得混乱的。如果不深入角落把每件东西都拿出来，你就是在逃避问题，甚至是给整理工程打下错误的基础。如果你还留着那些不在意的东西，那么建立一个高效、美观的收纳系统就难太多了。接下来是断舍离的环节，但是如果你不清楚自己有哪些东西，你很难有效地断舍离。评估每一件物品会帮助你搞清楚哪些东西你还需要、还在用、还喜欢，其他的丢掉就可以了。

所以，先在厨房台面、床面或卫生间地面上腾出一块地方，把架子上和抽屉里的东西都拿出来。掏空之后，别忘了用抹布擦一擦，那里一定有不少灰尘和残渣。

第二步：

分门别类

当你把空间里的所有东西都拿出来之后，把它们大致分成几大类：运动服、T恤和牛仔裤；眼影、唇膏和洁面产品等。不用担心，把类似的东西放在一起就行了。比如，清理冰箱的时候，先把所有饮料放在一起，不要纠结牛奶要不要跟果汁或气泡水放在一起，暂且把它们都归为饮料一类。

把物品分门别类有好几层重要的意义。首先，你不会再次陷入一片混乱，甚至后悔自己买过这本书。其次，它能够帮助你完成最难的一步——舍弃那些不再穿、不再用或不想要的东西。你不需要一件件地查看，把东西简单分类之后，你就能更全面地看待自己的物品，看到哪些物品是重复的（比如，13件白色T恤），然后选出那些值得留下的。

我们还要再说一遍，这时候不要开始整理哦。真的，我们经常在试图把水果放到篮子里的时候，立刻收手。我们还要提醒自己，不要得意忘形。如果在这个阶段就开始整理，你会把自己累倒。不这么做是有原因的：因为太难了。现阶段，不要想着给东西贴标签，专注分类即可。

第三步：

断舍离

给自己倒一大杯香槟（或者和乔安娜一样，来杯好茶），因为终于到了清理的时刻。好好看看眼前的每件东西，问问自己，这些东西值得我花费精力吗？现在是真正关键的时刻——决定哪些物品配得上你的关注、时间和精力，这关系到能否创造（并维持）一个每天都让你开心的整洁的禅意空间。我们允许你丢掉那些不再使用或不再热爱（甚至喜欢）的东西，所以这里提供了放大版的提示。

大胆
断舍离

只要发现一件在物质上或情感上对你不再有用的东西，你就可以将其舍弃——它没法儿再为你服务，却还占用房间里的宝贵空间和你的大脑。我们打赌每次看到原封不动的冰激凌机和整套瑞士火锅用具（你根本不会举行瑞士火锅派对），一次也没穿过的、婆婆送你的名牌夹克，还有没拆封的杏仁粉，你会有些许负罪感。可能你曾经计划要好好利用这些东西（计划最终都没有实施，又增加了你的负罪感——但是也有可能是因为我俩是土生土长的犹太人，负罪感是我们自身的一部分）。

最重要的一点是，你要大胆丢掉那些占地方的东西。没人会提出要看看他们在圣诞节送你的那条围巾，没人好奇你家的洗碗巾上有奥黛丽·赫本的名言，也没人会问为什么你们不用 15 年前婚礼上收到的鸡尾酒杯。你自己买的东西，从未用过也没什么，我们都会犯这种错误。别再错上加错，赶紧丢掉吧。

减少压力和愧疚感的断舍离诀窍：

1. **手里备好袋子。** 买一包黑色垃圾袋，一些用来装垃圾，一些放要捐出去的东西，一些装留给朋友和家人的那些。在清理的时候，把东西打包很有必要，这个关键动作能让你保持动力。此外，清理掉地面或桌面上的东西，把它们装进袋子里，而不是从一堆移到另一堆，这个过程让人十分满足。

2. **事先想好哪些东西要捐赠或送人。** 可以跟"救世军"（Salvation Army[①]）约好上门来取，或者列好单子记下东西送给哪些人，不然那些要送人的袋子会堆在后备厢，一年都送不出去。制订计划的时候要实际一点，你真的要拖着 15 件未拆封的结婚礼物到快递点，然后一个个寄出去？那包打算在网上卖掉的衣服……你真的会卖掉，还是会用垃圾袋装起来，直到你完全忘记它们的存在？如果你觉得需要帮手，就叫朋友来帮忙吧！

3. **把要修的东西堆成一小堆（一定要小）。** 少根表带的手表、屏幕碎掉的iPad（苹果平板电脑）、尺寸要修改的外套，这些东西都可以堆在一起，特别关注。修理好之后（一定要尽快，不能拖延），放回新腾出来的位置。

4. **选择储存或归档。** 有些东西，不一定适合"保留或丢弃"这样的二分法。你可能需要留着它们，但不需要随时看见或随时取用。你的报税单不需要一直放在桌上，应该好好归档，放在合适的地方。有感情的东西可以打包放在阁楼或地下室，而不是占据客厅橱柜的宝贵空间。夏天的时候，厚重的冬季衣物不需要挂在衣柜中，可以放进高处的换季储物箱，拿的时候记得搬个小凳子。

---

① 以基督教作为信仰基本的国际性宗教及慈善公益组织，以街头布道、慈善活动和社会服务著称。——译者注

5.

坚持清理，别放弃。 一旦找到清理的节奏，不要放弃，不要说留到下次再做。停下来再开始，是人们在攻克整理任务时容易失去兴趣和信心的重要原因。就像跑步一样（虽然我们对跑步了解不多，但这似乎是一个不错的比喻）：如果你打算跑 5 千米，但是每次训练间隔两周，那每次跑步对于你来说都是从零开始。一定要一鼓作气，才能改变家中的面貌，利用这股劲头，坚持下去。给清理留出大量时间，方为长久之计。整理物件可以待会再说，但一定要一次完成清理任务。于是，我们又要重复之前的话，不要一下整理太多，这是减少麻烦的关键；这一章的后面我们会给你指导。

6.

再检查一下。 在进行下一步骤前，再看看留下的物品，确保每件都值得你花时间和精力放回你的空间。如果你感觉都对，恭喜你！你正式完成清理过程了！肯定一下自己的努力，喘口气。我们的方法论的剩余部分更有趣。

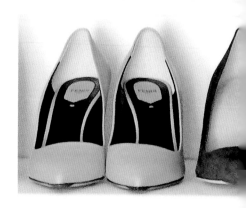

断舍离的原则

当你判断东西要不要保留的时候，可以问自己这些问题。只要能帮你做决定，你甚至可以想象我们在你身后发问，这一点儿也不奇怪。

1. **我需要它吗？** 有些东西是生活的一部分，不管怎样我们都会把它放在身边。你可能真的不喜欢面包机，但是不会想把它扔掉。所以，如果你需要，就把它留下来。

2. **我用过它吗？** 确定用过吗？一年一次？烧烤盘就是这样一个例子，你可能只在感恩节用到它，即便不常用，但是至少确实用过。

3. **我曾经想用它吗？** 这个问题通常适用于冰激凌机、瑞士火锅用具和健身器材。买的时候我们想得很好，但是家里的空间有限，所以，好好想想，你是会自己做冰激凌，还是直接从店里买一大盒回家。显然，我们会直接从商店买。

4. **我喜欢它吗？** 诚实地回答，如果你真的喜欢它，就把它留下。能让你开心的东西，完全可以留下。如果你不喜欢，就回到第 2 个问题，然后决定它的去留。

5. **我对它有感情吗？** 如果答案是肯定的，想想你对它的感情有多深。它类似于你的孩子在某人的生日派对上亲手为你做的陶器，还是外祖母传下来，但你并不喜欢，还打算以后传给女儿的瓷器？（罗伯塔，你在看吗？你的女儿克莉非常喜欢你的妈妈南希留下来的瓷器，并且非常乐意传给她自己的女儿斯特拉。）根据你是否认为这件物品值得情感依恋，选择捐掉或是妥善保存。如果一件东西对你来说很重要，即便你不喜欢，也可以把它留下，只要不占用家里的宝贵空间。你可以把这些东西放在橱柜顶层的架子上，或者阁楼、地下室和车库里，如果有必要的话，还可以租一间储藏室。因为它们不是你每天都会用的，所以不要让这些东西占用你的日常活动空间。

"超级家居整理" 购物法

　　一定在开始整理之前，了解家里的空间，这不需要我们再强调了吧。这将有助于你掌握所有物品的情况和空间本身的参数。在这个过程中，一定记得给你的空间拍照，这样在店里购物的时候就能拿来当作参考。若想凭借记忆力记住所有东西和需要填满的架子，最终的结果是你会跑好几趟商店，因为每次都会有东西忘记买。这里提供一些经过实践检验的小贴士：

- **测量空间大小**，包括高度、宽度、长度和深度。为了买到合适的产品，尺寸要精确到 1/4 英寸（6.35 毫米），记下详细的数字，如架子的深度、层板之间的高度以及抽屉的深度和高度等。

- **充分利用空间。**选择那些能有效利用每层架子的储物用品，一旦找到尺寸最合适的，就可以根据自己的品位选择。

- **考虑留白。**比如地面是用来存放物品，还是保持开阔、干净？门口是利用起来，还是保持通畅？

- **为某一处空间跑遍整家商店也是值得的。**因为你可能在洗漱用品区（比如，纸巾架）找到适合厨房的物品。

- **买齐各种尺寸的容器。**我们经常会从商店带着 28 个购物袋离开，但是我们发誓有应对这种疯狂的方法。你要在整理过程中给自己一些选择，因为感觉完美的东西并不总是如你所希望的那样有用。这不是问题！只要你不断尝试各种备选品，就一定能找到最合适的那个。

- **大量购入！**你需要的总是比想象中的多，所以多买些容器，不合适的退掉就行。

- **考虑自己的生活方式。**在购买收纳品的过程中，一定要切实考虑你的日常生活习惯和家中每个人的需求。你是那种从杂货店回家后，有时间或精力把买回来的每一盒麦片都倒进一个小罐子里的人吗？还是会因为图省事用一个大罐子装所有的麦片？你是否有一个合适的收纳系统，把所有小东西放进储物盒里，然后一个个摆在书架上？只要你能长期保持，收纳就没问题。

- **协调一致是关键，**所以最好买同一系列的储物容器，或者至少是同一色系的。产品搭配好，能够瞬间提升空间的质感，而不协调的产品只会让家里看起来更混乱。用品统一，让一切看起来更有品位。

不可或缺的收纳好物

重点关注家居店里的以下产品：

- **鞋盒**：不是买鞋时自带的纸盒，我们推荐的是带盖塑料盒——有防尘的作用。它们可以用来装鞋，也可以有其他用途。而且，透明的塑料盒最适合放季节性的用品（这样，你就能记得自己收纳过的东西）。

- **旋转托盘**：不仅可以放调味品，还能放手工艺品、洗漱用品、洗衣用品，还能放在厨房水槽下，用途多着呢！

- **抽屉隔断**：选择无盖的那种，方便取用和收纳，放在需要快速又整齐地整理的地方，比如儿童游戏室。或者把隔断放在橱柜上，用来收纳小饰品和太阳镜。它们有可能被打翻（因为没有盖子），所以一定要放在稳定的台面上，边缘凸起的置物架是不错的选择。

- **防滑衣架**：别再用铁丝衣架了！虽说是开玩笑，但老实讲，如果东西总是滑落到地面，为什么要费劲挂起来呢？丝绒衣架真的特别好，什么都能挂得住。

- **门后置物架**：每个橱柜或食品柜的内部都可以挂置物架，随便在网上搜一搜，你就能发掘置物架的很多用途：收纳鞋子、礼品包装纸、锅盖等。如果你还没买门后置物架，就真的落后咯。

- **杂志盒**：我们从来没用杂志盒装过杂志，相反，我们用它来放手提包、手包、笔记本、文具、棋盘游戏和盒装拼图。

- **带把手的储物篮**：这是我们最常使用的收纳容器，它能满足主要的收纳需求，放在柜顶也方便取用。

- **透明食品盒**：我们一定要先把食物放到透明的盒子里，然后再放进冰箱或冰柜。这样既能避免串味，还能分类储存。

- **有内衬的储物篮**：不要把贵重物品放在容易钩住的储物篮里，选择有内衬的储物篮。它会让你的卧室看起来更温馨。

- **分层储物架**：有了它，你的食品柜能更好地发挥作用。即便是柜子最里面的东西，你也能轻松拿到。

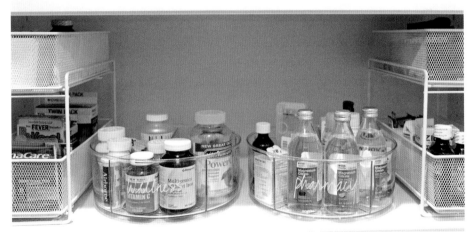

我们的标志性做法

告诉你一个好消息：清理完所有东西、买到必备容器之后，接下来就轻松了，真正的整理终于开始了。俗话说，"磨刀不误砍柴工"，我们疯狂的背后是有章法的。

形式与功能同等重要

我们竭尽全力保持空间的美感，其中一个原因是我们清楚这能让客户充满动力去维持这种状态。事实上，如果一件事情让你感觉很棒，看上去也很棒，你会更愿意投入其中。就像你终于练出了身材线条，就会更有动力保持。你只需要提醒自己："嗨，最难的部分已经完成了，你已经为改变搭建了一套系统——现在只要保持就行。"只不过，除了早晨进行有氧运动和只吃酸奶之外，你要做的是把麦片放进装早餐的储物盒里。这更简单！不管是雕琢手臂线条，还是精心整理游戏室，你都不愿意看到自己的努力付诸东流。

不过，这里要明确一点，我们所说的"维持"，不是让家里时刻保持如同杂志封面的美感。即便是我们自己的家，也没那么厉害！我们不可能让每个抽屉和衣橱一直都完美，不过还是要让它们时刻保持良好的状态，因为纵容收纳系统的崩溃就像走下坡路——只要开始下滑一点点，后面就根本收不住；另外，身处秩序井然的美好空间，会让我们感到非常开心。

令人眼前一亮的"彩虹收纳法"

"超级家居整理"的标志性做法之一，或者说我们和其他整理师的区别，是我们对ROYGBIV（红色、橙色、黄色、绿色、蓝色、靛蓝色、紫色，这下记住了吧）的偏爱：我们会根据颜色给物品分类，然后按照彩虹光谱排列。这多少考虑了设计因素——按照彩虹光谱排列的物品更令人赏心悦目，但本身也是一种整理策略。我们的大脑天生就能识别彩虹模式，所以我们自然而然就清楚东西放到哪儿。

不管是药品、饮料、袋装零食、乐高玩具，还是T恤，如果按照彩虹光谱顺序摆放，就会形成与大脑产生自然共鸣的视觉流，你能更快找到物品，更容易收纳，而且在视觉上比其他方法更让你感觉舒服。我们的整理系统也因此更便于使用，因为有时候你要与别人共用这一系统。对孩子们来说，这种方法不仅能让他们准确地知道该把东西放在哪里，还能激发他们的创造力。忽然间，整理不再是一件苦差事，更像是一种挑战或游戏。所以我们向你保证，"彩虹收纳法"不仅有逻辑可循，而且实现了美学与功能的完美统一。

收纳的基本

标签，标签，标签

　　另一个使我们的工作变得独一无二的标志，就是标签。但是我们不认为标签是给整理工作锦上添花，而是更相信这实际上是长时间维持空间整洁的秘诀。维持整理系统运作的关键不在于所选择的容器（尽管这也很重要）——而在于贴标签。这些标签，可以是手写、打印或是刺绣的，不管哪种形式，本质上它们就是一套收纳说明。"彩虹收纳法"就是这样一个直观的框架（本身也是一套标识），清楚具体地标明容器内的物品，让你和孩子、伴侣、客人，甚至任何人都能直截了当地明白东西该放在哪里。

　　一旦东西都收纳到指定的位置，你就成功地维持了这个收纳系统。所以，正确使用标签很重要。它必须既有概括性，又够具体，种类划分要完美到不用想就知道杂物、洗好的衣服和新买的工艺品放在哪里。你需要一个简单的路线图，能够灵活应对偶尔出现的意外状况。你不想被标识得过分具体的容器限制住，所以会开始随意放置——这样总比不收拾好，然后收纳系统开始崩溃：天门大开，地狱的妖魔鬼怪都蹦出来，让你家再度陷入一片混乱。我们的良心不允许这种情况发生，所以在你下笔写标签之前，有些事情必须想清楚。

　　先想好大类，然后才是具体分类。大的分类，比如食品柜里的"早餐"。但是如果你发现家里有很多燕麦，那也可以为它们单独创建一个小类，或者在浴室里，你可能囤了很多护发产品和各种干洗洗发露（咳咳，别忘了我们的低标生活哦）。在这种情况下，你可以在一个储物箱上标上"头发用品"的大类，再用一个储物盒专门装"干洗洗发露"。不是所有标签都要标得这么具体，不然你会发现有些东西买回家，你根本不知道把它们放在哪个储物盒。我们的经验是先分几个大类，这不会出错。再考虑精细分类是第二步。

　　这里提供一些家里不同的空间需要的大小分类标签。标签没有对错之分，关键是让所有东西都有自己的位置！

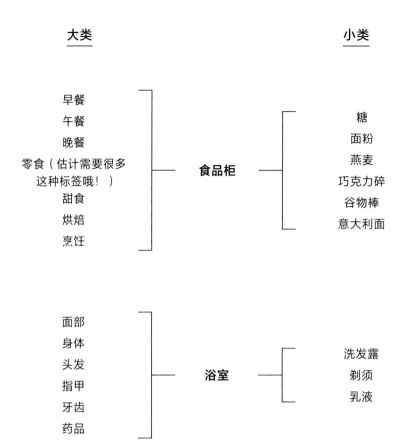

大类		小类
早餐 午餐 晚餐 零食（估计需要很多这种标签哦！） 甜食 烘焙 烹饪	食品柜	糖 面粉 燕麦 巧克力碎 谷物棒 意大利面
面部 身体 头发 指甲 牙齿 药品	浴室	洗发露 剃须 乳液

我们自创的五大标签

1. 犹太人日常用品和秘密武器（没有什么比这个更棒！）
2. 婴儿用品、围兜和"尿不湿"
3. 闪亮的假发和织物
4. 必须保留的东西
5. 梦想中的牛仔裤

大类		小类

衬衫
背心
帽子
包
内衣
睡衣
换季衣物
鞋子
衣橱

运动内衣
运动短裤
手拿包
运动裤
泳衣

积木
玩偶
游戏
动物玩具
手工类
运动类
游戏室

芭比娃娃
迪士尼玩偶
磁力积木玩具
乐高
游戏厨房配件
玩具食物
工具类
魔术套装
魔杖

洗衣
清洁
熨烫
多功能用品
居家常用
洗衣房

清洁剂
干燥剂
织物柔顺剂
硼砂
灯泡

待客
户外
假日
怀旧
冬季
夏季
儿童
储藏室

唱片
毛巾
万圣节装饰
沙滩玩具

收纳

我们刚开始计划写这本书的时候，想把它做成烹饪书的感觉（诚然，讽刺的是，我们都不做饭）。然而，整理和烹饪确实有相似之处：我们想向你展示各种整理的办法，配以诱人的图片，希望你按照我们的方法去整理也能达到类似的效果。

我们的这本"食谱"想告诉你，如何像我们一样整理家中的空间。最终，你获得的可能不是一锅炖菜，但是你会恢复头脑的清醒和家中的整洁。我们在这部分会涉及家中的许多空间，并且讲述按照我们的方式如何收拾整个家，但是不要感到有压力。罗马不是一天建成的，家也不是一天能整理好的。我们之所以展示不同美感、不同收纳难度的空间，是为了给你提供各种灵感，以便你随时开始整理自己的家。如果是从入门级收纳开始，你可以先整理好每个抽屉，直到你准备好整理一个更大的空间，并且在此过程中依然能感受到内心的平静。务必牢记我们的低标生活格言（翻回第 26 页），一切都没有问题。记住，每次完成一小步，都是一场胜利。另外，打底裤要归在裤子类。

玄关

    我们从玄关开始收纳，这块地方每家都有自己的安排。对一些人来说，它可能意味着一个临时衣帽间，对另一些人来说，这里是门口的收纳衣柜。不管怎样，有一点是不变的：我们在进门的时候，都需要一个地方随手放些常用物品。即使是在寸土寸金的纽约小公寓，也要在墙上镶一个挂钩，或在门口摆张小桌子用来放钥匙和信件。

    清点每天进出家门需要的东西，常用的有背包、外套、帽子、手提包、雨伞、信件和钥匙等，当然，每家的分类不尽相同。然后花时间想一想，每天你进门的时候，这些东西都被放在哪儿。比如，鞋子堆在地上？信件放在厨房操作台？弄清楚每天出门的必需品，你就可以按照自己的需求以及你家的空间来规划玄关布局。

让你家玄关时刻保持如杂志封面般完美的 5 种方法

1. 一个人住。

2. 为你家孩子另辟入口。

3. 别放东西。

4. 把收信地址改成邻居的邮箱，一周取一次信件。

5. 外出不要穿鞋子或外套，这样进出大门的时候就不需要穿脱。

……还是承认吧，玄关不可能时刻保持完美，不过收拾整理也算有氧运动，别嫌麻烦。

临时玄关

有些人家里的玄关只容得下一张桌子，此时收纳的诀窍是想尽办法利用这块地方，井井有条地摆放所有出门必备品。在不到 3 平方英尺（约 0.28 平方米）大小的玄关，我们也能让它满足一家四口的日常需求，而且易于打理。

1. 桌面摆上装饰品，以避免在上面堆积外套和手提包（后者应该挂在挂钩上，或者放到附近的衣橱里）。

2. 抽屉的用来存放信件、钥匙和太阳镜。

3. 桌下放一个贴标签的分格储物篮，里面可以放书包（一个孩子放一个）和悬挂式文件夹。

传统玄关

　　标准的玄关一般有 3~4 个分区，每个区域都有挂钩和置物格，就像一块井然有序的空白画布等你落笔。你也可以把这里当作繁忙的纽约中央车站①，所以最好给家里每个人留一块地方，让他们负责整理自己的区域！

1. 季节性和不常用的物品归置到储物篮里，放在不易取用的高处隔层。

2. 家里每个人一个挂钩。

3. 冬天用的针织帽和连指手套、夏天用的遮阳帽和防晒霜放在低层带盖的储物篮里。

4. 每个孩子分配一个装鞋子的储物篮（一定贴好标签）。

---

① 纽约中央车站，因多条轨道在此交汇而得名，需要巧妙的规划设计。——译者注

玄关

莫莉·西姆斯
家的玄关

　　莫莉·西姆斯家的玄关也是传统格局，不过带坐垫的休息区和高光漆为这里增色不少！然而，收纳原则和上一处玄关一样，家里每人一个钩子挂衣帽，剩下的东西放进储物篮里。

1. 备用毛巾和大件物品放在上方的柜子里。

2. 外出所需物品要方便取用，随手一拿就能出门。

3. 课外运动和活动用具放在指定的篮子里。

4. 两个孩子一人一个放鞋的篮子，保证一家人都有充足的储物空间。

海边的玄关

有时我们可以给传统标准来点儿有趣的变化。海边住所的玄关，严格意义上更像是一个沙室……不过在这里不用考虑帽子和手套的收纳，收好防晒霜和泳镜就行。

1. 多余的草帽和卷起来的浴巾放在通向海边的通道上，方便取用。

2. 储物盒里放上户外用的防晒喷雾和防晒霜、备用遮阳帽、太阳镜和海滩用品。

3. 轻质篮子放在底层装鞋子。

小贴士／ 精心搭配为客人准备的遮阳帽和毛巾，你的玄关会更有风格。

多功能玄关柜

　　我们喜欢充分利用每一寸储藏空间。如果你家的门厅有一个壁橱或是储藏柜，那么考虑一下你能存放哪些类别的物品。左图的玄关柜里，我们收纳了外套、鞋子、雨具、药品和分类存放的常用物品。

1. 备用工具和日用品摆放在最上面一层。

2. 药品、保健品和急救用品放在透明储物盒里，一目了然。

3. 家里每个人放 2~3 双鞋子。

4. 冬夏季节性物品放在落地的储物篮里。

小贴士 / 如果家里有小孩，大人的药品最好放在高处的置物格，在孩子够得着的区域放绷带等更安全的物品！

玄关衣柜

　　不是说衣柜只能用来放衣服。一些物品只要能收起来，贴好归类标签，就能和衣服一样放进衣柜。右图的例子里，我们需要把户外用品和待客用品放在紧靠门后的地方，以便从隔板上拿取，这个衣柜就成了完美的答案。

1. 用不透明的储物盒，掩盖里面随意放置的待客用品。

2. 常备日用品放在储物盒后面。

3. 厚重的衣服挂在结实的衣架上。

克里斯蒂娜·阿普尔盖特① 家的玄关

克里斯蒂娜家的玄关完美展示了她作为"超级妈妈"的地位。是的，工作再忙，她也没忘记给孩子准备足球比赛的零食。我们非常希望她能分享一些"超级妈妈经"，于是作为交换，我们很乐意帮她整理孩子的所有课外活动用具——舞蹈课背包、空手道训练服和足球鞋。

1. 常用药品和急救用品放在玄关，不占用厨房空间。

2. 帽子挂在挂钩上。

3. 训练服和课外活动背包放在轻质储物盒里，上面有把手方便孩子拿取。

4. 准备几瓶饮用水放在储物盒里，出门时随手拿一瓶。

5. 清空桌面，用来放信件和背包。

6. 鞋子放在各自的小柜子里，不堆在地面上。

> **小贴士／** 把最重的物品放在低层架子上——实用又安全！

---

① 美国演员、编剧、制片人，最广为人知的角色是《老友记》中瑞秋的妹妹艾米。——译者注

家庭
洗衣房

我们可不喜欢洗衣服，但是收拾洗衣房是我们的快乐时光（虽然这么说，但我们是整理专家，而不是玩乐家，所以别轻信我们的话）。洗衣房是我们最爱整理的空间之一，原因有以下几点：

1. 不管你是自己住，还是一大家人一起住，洗衣房都是经常使用的地方，这极大地得益于其功能性。我们这些整理狂，就是喜欢帮别人改造这一空间。

2. 小小的改变和少量产品就能让这里焕然一新。

3. 洗衣房收拾好了，洗衣服这件琐事也能更轻松。不过只是稍微轻松一点儿，我们还是不爱做这件事。

有些人竭尽全力把洗衣房打造得像杂志封面一样，有些人则把洗衣机塞进家里的某个角落。说实话，这两种情况我们都喜欢。如果洗衣房设计精美，我们喜欢用同样精心设计的功能进一步提升它的空间美感；至于那些不受重视甚至被看作眼中钉的洗衣空间，我们会把它变成既实用又上镜的角落。

改造洗衣房之前，先想好你要储存的几类物品。很显然，你需要洗涤剂，那去污剂、干燥剂和其他清洁产品呢？要不要找地方放抹布和毛巾？是留出叠衣服的地方，还是把衣服拿到别处？想好物品分类和洗衣流程，你就能制订一个完美的计划。即使后面计划有所变化，你也能拥有一个好的起点！

收纳必需品的橱柜

承认吧！这看上去很棒，不是吗？白色的储物盒放清洁喷雾剂和洗涤剂，容易拿取的盒子装熨斗，这样的极简安排，不失为一种干净、清爽的设计。

1. 清洁海绵装在容易移动的小储物盒里。

2. 加大字体的黑色标签，与白色储物盒形成鲜明对比。

3. 带把手的塑料盒容易拿取。

4. 调整架子的高度，就能装下大瓶洗涤剂。

小贴士/ 写标签的时候放开写，最好写得又大又粗！

　收纳的基本

家庭洗衣房

没有
储物空间的
洗衣房

有时，一间漂亮的房间，在功能上却可能有所欠缺。左图的这间洗衣房，简洁时尚，但却没有一个架子或橱柜。但是，没有什么是一个篮子不能解决的！利用好柜台或洗衣机上方的台面，就不怕没地方放东西了。

1. 洗涤用品、常用工具和礼品袋放在大号储物篮里。

2. 洗涤剂和专用清洁剂整齐地摆放在托盘里。

3. 剩余空间用来放折叠好的衣服。

洗衣房里的
单层储物架

嗨，只要好好利用，有一个架子总比没有强！右图的两个架子，都能存放洗涤、清洁和户外用品。所以，我们在每个家里都用类似的方式收纳。

1. 洗涤剂和洗衣球放在带盖的罐子里，看上去更高级，但其实一点儿也不贵。你还能看清什么时候需要补货。

2. 日常清洁和洗衣用品放在不带盖的储物盒里，方便取用。

3. 多余的居家用品和防晒霜放进带盖的储物盒里。

小贴士/ 使用可以尽情堆叠的储物容器。真的！能堆多高就堆多高，这样你就拥有更多宝贵的储物空间！

多功能洗衣房

不是谁家都有一个大到能举办高中舞会的洗衣房，但是假如你幸运地拥有这么一间，你会想把每个橱柜和抽屉都收纳整齐，特别是当你把洗衣用品之外的东西也放进来的时候。不然，这里很容易就变成和杂物抽屉一样糟糕的地方。

1. 整理好的洗衣用品、日用品和工具等放在上方的橱柜。

2. 干净的台面可以用来放床单和毛巾。

3. 狗狗的零食放在桌上的储物罐里。

4. 下面有轮子、工业用途的脏衣篮，特别适合大户型，因为用它们收拾衣物更容易。

在洗衣服间隙喘口气

　　给一大家子人洗衣服，没完没了，这真让人受不了。但是，想象一下，每次打开橱柜拿洗涤剂的时候，你都能享受片刻禅意，这样的角落是不是令人向往？这种感觉当然不可能持续到洗完衣服，但是还是能有点儿用！

1. 用带标签的容器区分贵重衣物专用洗涤剂和去污剂。————

2. 釉质容器和不锈钢勺让洗衣粉也变得高级。————

3. 洗衣液放在架子底部，方便取用。————

洗衣房里的规矩

要用容易擦拭的储物盒，因为洗涤剂很容易洒出来。

不要用只是看着好看的编织篮，除非你想让篮子被染成蓝色。

要用储物罐装洗衣球，不要用产品自带的塑料容器。

不要把洗涤剂放在家里其他房间，因为这样做没有意义。

要在洗衣房中储存家中各处会用到的东西。

家庭洗衣房

备用品供给站

洗衣房里很少只放洗衣用品，通常架子上和橱柜里会放一些备用品，比如灯泡、电池、狗粮和婴儿用品等。只要分类得当、标识清楚，这完全可行。

1. 备用的护齿和个人保健用品收进储物篮。

2. 未拆封的卷筒厕纸摆在架子上，避免积灰。

3. 调整架子的高度，充分利用垂直空间。

4. 拆开的婴儿尿布放在储物篮里，方便在楼下快速给宝宝更换。

小贴士 / 从商店买回来的东西，先拆掉多余的包装，这样就能快速取用，而且放在储物篮里看着更舒服。

别忘了
门后空间

　　我们非常喜欢利用门后置物架来增加存储空间。这看起来像变魔术——你总能放下更多东西，还不占其他地方。你可能已经注意到，我们总会在书中极力推荐那些看上去没那么特别的东西，但是职业整理师就是这样：空间和收纳的理念已经融于我们的血液。

1. 不常用的备用品放在架子顶层。

2. 清洁海绵、抹布等小物件整理好放在较浅的篮子里。

3. 喷雾和清洁剂最适合放在深篮子里。

4. 篮子上标清楚清洁剂种类和使用房间。

开架存储
也是好方法

任何空间的开放式置物架都有些棘手，因为你要时刻保证它的美观。如果置物架放在经常使用的区域，比如洗衣房，那就更麻烦了——既然没有门掩盖各种物品，就不能随意放置，这样才能时刻保持空间的整洁。

1. 娱乐用品都收进带把手的储物盒里，需要的时候把整个盒子拿出来就行。

2. 日用品放在可堆叠的透明储物盒里。

3. 清洁和洗衣用品放在不带盖的储物盒里，方便取用；不透明的盒子可以遮挡不好看的洗涤剂包装。

4. 常换常洗的运动服放在每个人单独的储物盒里。

小贴士／ 可堆叠的透明储物盒是收纳日用
品的利器，而且方便取用。这些
储物盒很轻，堆叠在一起很安全，无论用不用
标签，你都能知道里面放了哪些东西（但是，
你知道我们对标签的偏爱，所以加一个呗）。

凯伦·费尔柴尔德家的洗衣房

毫无疑问，我们见过最好看的一间洗衣房属于Little Big Town（一个乡村音乐组合）的凯伦·费尔柴尔德，由天才设计师瑞秋·霍尔沃森设计。与其令人惊叹的大空间相比，我们更喜欢这里的多功能设计——桌面和台面可以叠衣服，抽屉可以存放礼品包装纸，还有橱柜可以用来收纳居家用品。墙上的艺术品增添了房间的气质，这样在洗衣的时候你不会感觉脱离整个家的氛围。这真的是梦想中的洗衣房。

1. 家里每个人都有一个脏衣篮，用标签标示。

2. 桌上的档案盒用来保存重要文件，不仅整齐还方便翻阅。

3. 洗衣用品不用的时候放在橱柜里，关上柜门。

卫生间

卫生间是我们最爱整理的另一处空间。我知道肯定有人在想：哪个房间不是你们的最爱？还真不是。车库、地下室和阁楼，也让我们头疼。但是卫生间如此有趣，充满无限可能，简直是整理师的乐园！整理卫生间还有一个好处，就是这里的物品分类清楚，而且每家每户一般差不多。通常，卫生间的物品分成如下几类：

面部

头发

牙齿

洗浴和身体

有时还会出现其他几类：

眼部

化妆品

美发用品

棉签和化妆棉

备用品

旅行装

受制于你家的空间和你的时间，你多半会在以上分类框架下进一步细分。比如，化妆品可以分成腮红、唇膏和眼影。不一定要分得这么细，所以你不必过分纠结，让自己不胜其烦。只要你能把物品分成几大类，然后收拾妥当，就算没有精力再细分，也算打了一场胜仗。之后等你有时间了再细微调整，这时你可以一手端着红酒杯，另一只手轻轻松松就能把干洗洗发露和定型喷雾区分开，多容易啊！

拯救皮肤的橱柜

现在，家里的镜面柜可不只放药品。这些柜子占据卫生间最好的位置，所以常常用来存放每天都要使用的物品。左图这个没有药品[①]的镜面柜，我们专门用来放置每天都要用的面部保养品。

1. 物品按照用途分成清洁、保湿和保养三类。

2. 面膜去掉包装盒后放进抽屉里，就可以节省空间，抽屉上方还能放其他面膜。

3. 内部有区隔的储物盒还能进一步细分空间。

小贴士 / 在购买产品之前测量好置物空间的尺寸，总是很重要。但是测量镜面柜不能马虎！注意每层架子的深度，别忘了减掉柜门的铰链尺寸，不然储物盒可能放不下。

---

① 镜面柜的英文是 medicine cabinet，意为药品柜。——译者注

卫生间

拯救皮肤的抽屉

　　如果你家的卫生间放不下镜面柜，保养品也可以放在抽屉里！绝大多数瓶瓶罐罐都能平放，和竖着放时一样稳固——只是要盖紧盖子，以免漏出来。

1. 形状不规则的充电器和其他小工具放在抽屉的角落，充分利用每寸空间。

2. 产品按照品牌而不是功能分类，保持视觉统一。

3. 棉签和化妆棉分别放在组合储物盒中。

小贴士/ 抽屉分隔盒不仅有助于收纳，还能防止漏出来的化妆水弄脏抽屉。

没有抽屉的
卫生间

　　如果你家的卫生间没有抽屉，可以用组合架或者移动小推车来增加储物空间。这两种办法都能兼顾功能性和独特的设计元素，正好给一成不变的卫生间来点儿有趣的变化。而且，当需要补货的时候，你还能推着小推车到处走，可有意思了（试试你就知道了）。

1. 洗浴和身体用品放进铁质组合架里。

2. 香薰蜡烛和装饰品的加入让卫生间更吸引人。

3. 折好的毛巾和卷筒卫生纸放在亚克力推车里。

日用品抽屉

　　你的日用品抽屉就是卫生间的"大热门"，这里装的是你一天至少要用两次的东西：牙刷、牙膏、隐形眼镜、面巾纸等等。右图的日用品抽屉还放着备用品，当你需要新的剃刀或牙刷时，直接打开抽屉就行。

1. 大包面巾纸没有放在储物盒里，但是它们能帮忙固定两边的盒子。

2. 各种尺寸的分隔盒组合到一起，放置不同种类的物品。

3. 一起使用的东西挨着放在抽屉里。

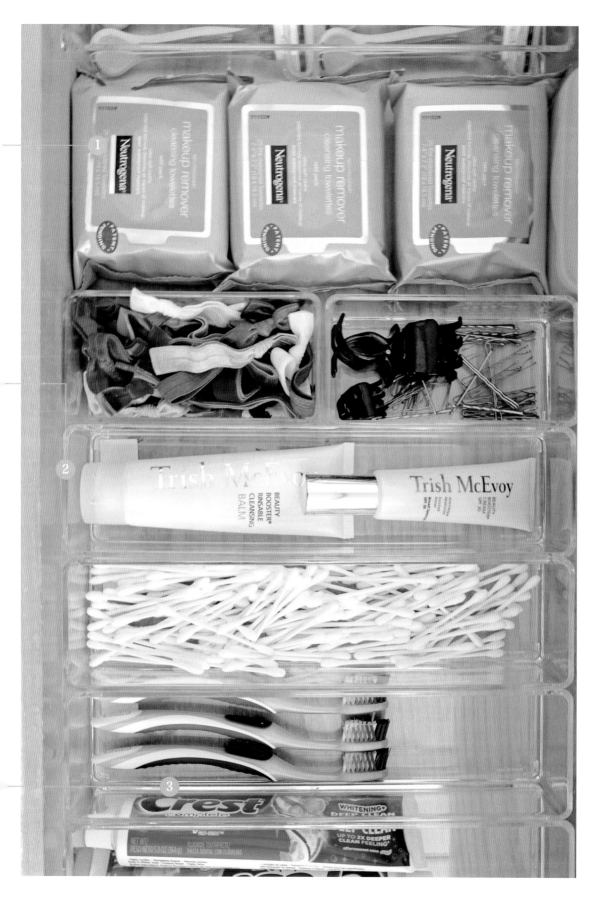

水槽下能
放一切

　　卫生间水槽下的空间和厨房水槽下的空间一样重要，一定要利用起来。这里最适于储存大瓶洗发露、护发产品、乳液，等等。好好利用起来吧！

1. 额外的抽拉式深抽屉充分利用了水槽下空间的深度。

2. 备用的洗发用品、洁面乳和化妆品放进各自的抽屉里。

3. 化妆品抽屉里放一个小盒子以固定小物件，防止它们随意滚动。

开架存放
亚麻制品

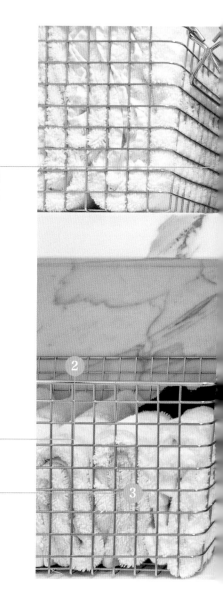

　　理论上，叠好的亚麻制品和毛巾放在开放的架子上会很好看。可惜的是，我们不是住在酒店或水疗会所（不过倒也不是没有希望），不管我们怎么努力，家里的毛巾也不可能看起来和酒店一样整洁。但是，用几个储物篮把它们装起来，也能看上去有模有样，你也就不用抓狂了。

1. 备用卷筒厕纸排成几列。

2. 透明篮子让物品一目了然。

3. 叠好的毛巾、手巾和抹布整齐地收在篮子里。

小贴士 /　如果附近的架子放不下，厕纸可以放进地上的储物篮里。不过要保留外包装，防止积灰。

好看囤货架

开放式存储架通常适合那些可以展示的物品，比如碗碟或书籍。备用的洗漱品一般放在看不到的地方，比如藏在橱柜门后或抽屉里。不过，展示一些高端产品和清洁用品，能让卫生间改头换面。

1. 顶层的透明储物盒里整齐地收纳未拆封的备用品。

2. 大瓶面部和头发护理品装在不透明的储物篮里，遮起来。

3. 指甲油和美甲套装等好看物品放进便携的盒子里。

小贴士／ 只要有可能，尽量选择与置物架深度一致、外沿齐平的储物盒，这种储物盒看起来像定制的一样，可以在视觉上提升空间的质感。(里面放什么根本不重要！)

客用卫生间的
抽屉

布置客用卫生间可有意思了，因为你可以把自己平常不用的东西都放进去。无论是高级牙膏还是高端洗漱用品，随你怎么放，反正不是每天都用。

1. 洗浴和身体用品在抽屉分隔盒后面一字排开，起固定作用。

2. 按照彩虹色排列旅行装牙膏。

3. 牙齿和面部用品分门别类放置。

小贴士／客用卫生间的抽屉是练习收纳技能的好地方。这里不是每天都会用到，所以几乎没什么风险（除非你也有一个严格的妈妈叫罗伯塔），不可能出错！

台面收纳

　　有些人喜欢把化妆品放在梳妆台上可以看到的地方，有些人因为缺乏储存空间，需要利用梳妆台。不管是上述哪种情况，可堆叠的亚克力储物盒都能改变你的生活！好吧，可能没这么大的影响，但是你家的卫生间一定会焕然一新。

1. 化妆品可以单独放在一个盒子里，也可以拆分成不同的组合，使用的时候直接把单个盒子拿出来。

2. 面部、眼部和唇部产品分类收纳，装在一整套不同尺寸的亚克力组合抽屉里。

3. 每个抽屉里的产品都要尽可能露出标签，方便取用。

洗漱用品柜

　　如果你家的卫生间有一个储藏柜，可就太幸运了，用上储物盒，把东西都归置到储藏柜靠前和中间的位置。一旦喷雾瓶和急救用品都整齐地摆放好，你就不会嫌弃它们碍眼了！

1. 药品和急救用品放在可旋转的储物盒和隔板下的挂篮里。

2. 胶囊内包装上标有药品名称和剂量，可以把药盒去掉。

3. 清洁用品收在旋转收纳盒里，厕纸整齐地放在储藏柜的任意一侧，充分利用空间。

小贴士／　不要老想着用储物盒……隔板下的挂篮能放置你方便取用的物品，而且它能充分利用隔板之间的垂直空间。

按照香味存储

　　有时在收纳的过程中，一个特别的主题会浮现在我们的脑海中，我们知道那可以单独作为一类。左图案例中，除了清洁用品和乳液，香味也有自己的标签：葡萄柚、橙子和椰子。给葡萄柚单独分一类，这多有意思啊！每件物品都值得拥有属于自己的高光时刻，即使是柑橘味的洗浴用品。

1. 小储物盒放置不同种类的小包装用品。

2. 可堆叠的储物盒充分利用了上层高度。

3. 中层架子上存放体积最小的物品，让其他层面空间得到更好地利用。

4. 按照香味而不是种类存储的话，你就可以根据心情选用不同的味道。

等等，
还有要装的！

　　就在你感觉已经搞定分类收纳的物品时，忽然发现还有没收纳的东西，这该怎么办？冷静，我们还留了一手：备用品橱柜。备用空间，令人心满意足，有了它，我们在另一个橱柜坚持给香味分类的举动才显得更有意义。

1. "美甲站" 安排在顶层（别错过这个按照彩虹色收纳指甲油的机会），美甲套装放在下面的抽屉里。

2. 实用的香味分类（也实现了你个人的小小坚持）。

3. 大瓶洗浴和身体用品可以竖直地放在大小不同的组合抽屉里。

小贴士/ 我们想要透明容器方便看清储存的物品，但有时也不想让所有个人物品都展示出来，此时磨砂材质的容器一举两得。

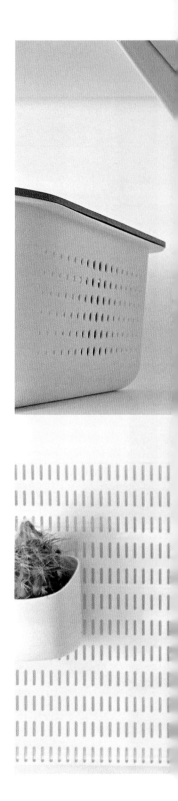

居家
工作室

居家工作室这块区域，我们有时整理得特别顺手，有时却不知如何下手。通常我们不知道会在客户的居家工作室里遇到什么状况，因为每一家都截然不同：有的堆满文件和公文，有的里面都是手工材料和礼品包装纸，有的是在一间屋子里做家庭生意。还有一些工作室里堆了几十年都不舍得丢掉的文件（哎，这些东西收拾起来可真没意思）。所以，当我们鼓足勇气开始整理居家工作室的时候，都会揣着一颗颤抖的心，深吸一口气，准备迎接漫长的一天。

虽说如此，我们还是要向你展示一下我们最为自豪的几个案例，帮助你整理自己的办公空间。每一间居家工作室都是独一无二的，我们希望你能从这些案例中获取点滴灵感，并将它们汇集到一起，满足自家需要。

首饰工作间

这里有一个小建议：如果你也有几百万颗小珠子、吊饰和藜麦大小的水晶要整理（当然不可能只有我们才遇到这种麻烦），千万不要把它们一股脑儿倒进烤盘里分拣。它们会磁化，自动形成某种奇怪的 DNA（脱氧核糖核酸）双螺旋结构，这种混乱局面是无解的，你根本没办法将它们恢复原状。

不过，埋头整理比沙砾还小的珠子整整 3 天之后，我们发现一切变得那么和谐美妙，并且结果让人无比自豪。谢天谢地，我们还能站在这儿说话，因为我们也是摸着石头过河。

1. 顶层漂亮的盒子用来存放承载回忆的物品。

2. 透明的分隔首饰盒能够装下不同种类的所有（真的是所有）串珠。

3. 组合首饰盒真的好用：24 格款放最小的珠子，5 格款放大珠子和大吊饰。

妈妈的
万能抽屉

　　就在我们庆幸拥有自己的一块地方——按照个人需求打造的居家工作室——的时候，忽然想起早已为人父母的我们，不可能拥有完全属于自己的地方。是不是听起来很熟悉？你要给家里的每个人准备他们经常会用到的东西，还要保证不用每次都跟在他们的屁股后面把东西收回原处。

1. 分格放置钢笔、荧光笔、铅笔，铅笔芯断掉时能派上用场的削笔刀，还有救急用的自动铅笔——无论如何孩子都要完成家庭作业啊。

2. 这块小格子放购物卡，毕竟有时还是要犒劳一下自己。

3. 亚克力胶带座和订书机与透明的分隔储物盒风格一致。

居家工作室

暗调
储物架

　　已婚夫妇的收纳项目通常以太太的物品为主。但有时，我们也会照顾到丈夫的需求。右图就是一例，我们特别开心有机会整理这块线条感十足的黑色空间，为这个橱柜打造合适的收纳方案。

1. 文件盒分别存放有感情的物件，比如家庭文件和照片。

2. 黑白色的书分别放在黑色文件盒的两侧，这样更有设计感。

3. 一层架子上放一个方形储物盒，用来存放体积较大的配饰和旅行用品。

4. 可堆叠的透明抽屉存放电子产品、充电线和打印纸。

小贴士 / 在家建立一个集中充电站，给每天使用的电子产品（手机、笔记本电脑等）充电，这样给它们充电的时候，你可以暂时丢开这些设备。

FAMILY PHOTOS

SPECIAL CARDS

RUBY

COCO

OFFICE

CRAFTS

CRAFTS

MAILING

ENVELOPES

OFFICE

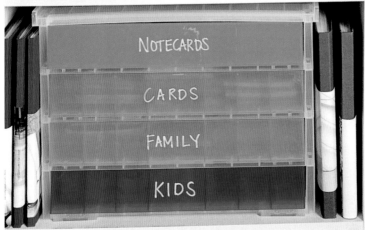

NOTECARDS

CARDS

FAMILY

KIDS

APPLE

CABLES

CORD CONCEALERS

乔伊·周的
居家工作室

　　我们知道，我们必须为乔伊·周的生活品牌Oh Joy！的诞生地带去缤纷的彩虹光谱。她可是彩色印刷世界的女王，在她那儿，标准的黑白美学根本行不通。所以，当我们看到这个彩虹色的组合抽屉时，感觉眼前一亮。

1. 每个孩子都有属于自己的宝贝盒子，家庭的回忆和照片都
　　放在照片盒里。

2. 不带盖的储物篮和隔板下的挂篮充分利用了隔板空间。

3. 手工艺品、卡片和日常用品分类放进彩虹色组合抽屉里。

小贴士／ 大部分人都没有时间整理相簿，
　　　　　所以我们的低标生活方式坚决提
倡使用照片盒。

墙上办公室

如果你想拥有属于自己的空间，但是又没有独立的房间，那么可以利用一面开放的墙壁轻松解决这个难题。墙面组合架加上一点儿空间就能打造一间临时办公室——我们会把它放在客卧。没客人的时候，你就能避开人群，在这里专心工作。客人来了后，这里就变成一张桌子，上面放上漂亮的篮子，里面装毛巾和洗漱用品。

1. 墙上包括一张嵌入的桌子和置物架。

2. 亚克力制品和金色文具摆放在洞洞板上。

3. 其他（就是那些没那么好看的）办公用品放进抽屉，保持桌面整洁。

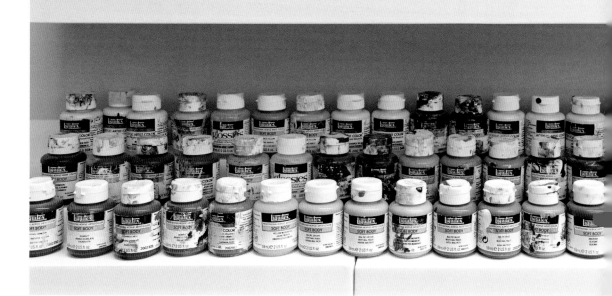

艺术工作室

有时，办公室不一定只能是办公室的样子，也可以是你每天寻找乐趣的创意空间，顺便还能挣生活费。听起来正合我们胃口！我们第一次走进这位艺术家的工作室时，真的惊掉了下巴。这么多颜色！我们几乎无法控制自己，开始用颜料瓶创造一道又一道彩虹。

1. 画笔放在刷筒里（嘿，画笔也是刷子哦）。

2. 颜料瓶叠放在三层食品架上。

3. 颜料按照种类和颜色深浅排列，方便搭配和启发灵感。

小贴士／ 购买储物用具的时候，一定要打破常规！不要把自己限制在"办公产品"区域，逛遍商场你可能会找到更有用的东西。商场每个区域都逛逛，尽可能多地选择（反正不合适的话也可以退货）。记住：**擦亮眼睛，装满购物车，一定没错。**

家庭指挥中心

　　如果你需要处理家庭的纸质文件，记录学校的日程安排，还要应付数不尽的账单，那可能就得填写各种表格和待办事项。对于有同样麻烦的人，我们建议设立一个家庭指挥中心，指挥所有文件的进出。

1. 多余的文件和已经处理完的项目归档收进文件盒。

2. 家务事项文件和商业文件放在亚克力悬挂式文件夹中。

3. 贺卡、文具和特殊用纸放在桌面上，方便随时记录。

小贴士 /　在桌面上营造美好的书写氛围，以此来平衡处理账单带来的不适感（和无趣）。

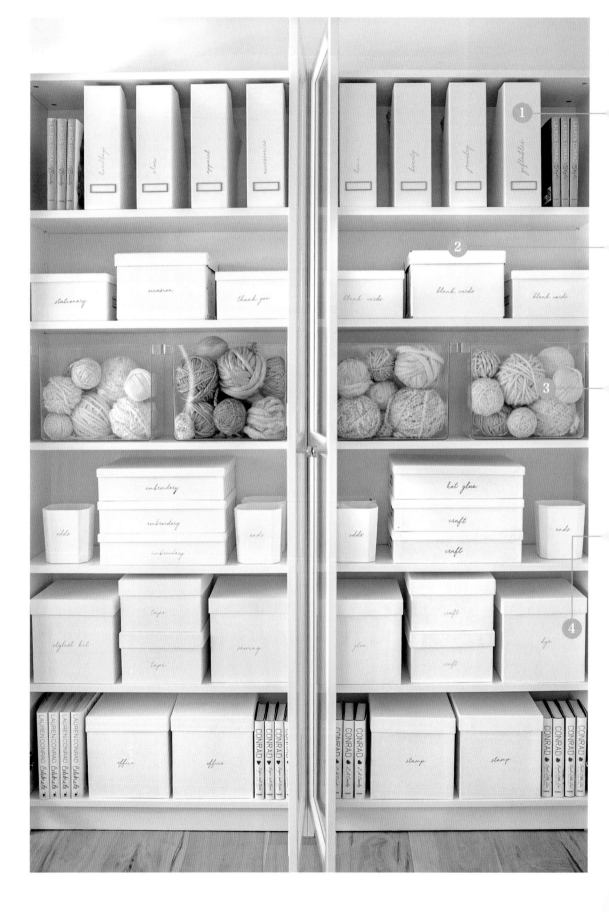

劳伦·康拉德的
手工用具橱柜

　　我们自己选出了一些特别满意的项目，在这份"史上最中意"榜单上，劳伦·康拉德的办公室名列前茅（我们没法儿只选出一位获胜者，就像说不出最喜欢自己的哪个孩子一样）。

　　劳伦喜欢用带盖的白色储物盒存放手工用具、针线和办公用品，但是我们特别希望她的漂亮针织线能更显眼一点儿，而她也允许我们用亚克力储物盒随意发挥。于是我们一起坐在地板上缠线球，像小猫一样开心。

1. 杂志按照种类收进合适的纸质文件盒。

2. 感谢卡和其他文具放进照片盒里。

3. 亚克力储物盒用来展示按照颜色分类的线球。

4. 收纳用的白色礼品盒来自劳伦的公平贸易①商店——The Little Market（小市场）。

小贴士 ╱ 尽可能给你的储物盒留些空间，别装得太满，轻盈透气的收纳更有质感。

---

① 公平贸易是一种有组织的社会运动，在其贴有公平贸易标签的产品及相关产品之中，它提倡一种关于全球劳工、环保及社会政策的公平性标准，其产品从手工艺品到农产品不一而足，这个运动特别关注那些从发展中国家销售到发达国家的外销品。——译者注

备用品橱柜

　　不是每家都能有一个单独的办公空间。但是，剪刀、文具和打印纸总得有地方放。如果你家的空间有限，记得充分利用储物柜。你可以把任何一个空置的储物柜（即便是在厨房）变成你的办公用品补给站。

1. 正在处理的东西放在顶层储物篮里。

2. 白色和彩色纸收进亚克力储物盒。

3. 刷子和剪刀正好放进大号笔筒。

4. 多格储物盒整齐地收纳文具和美术用品。

工艺品橱柜

我们喜欢把每管颜料和每只马克笔按照色彩分类，并且乐此不疲。哪怕是手工爱好者唯恐避之不及的亮片，只要不洒在我们自己的家里，我们也乐意把它们分类收好。

1. 较大的艺术或编织用具放在顶层和底层架子上。

2. 不常用的派对用品和礼品包装放进带盖的轻便储物盒里。

3. DIY（自己动手制作）工艺品和手工套装放在透明储物盒里，一眼就能看到。

4. 大瓶的颜料、喷瓶和胶水立在超大的储物盒里。

5. 小瓶的颜料正好放在可堆叠的储物盒里，充分利用空间。

游戏室

我们从家里 4 个比较容易整理的空间开始，带你慢慢过渡到另外 4 个空间，而且不得不承认，整理后 4 个空间更有挑战性。但是，它们的整理过程是一样的，不过是将这些方法应用到整理起来更复杂的空间。虽说游戏室或孩子的房间里要整理的东西比玄关橱柜多得多，但它们都以同样的方式进行：把东西清空、分类、清理，然后分门别类，形成一个井然有序、标识清晰且易于保持的收纳系统。

但是，在这种棘手的空间（有时，小孩真的会把吃过的泡泡糖粘在墙上），你可能需要更多指导，赶紧看看我们的小诀窍吧。

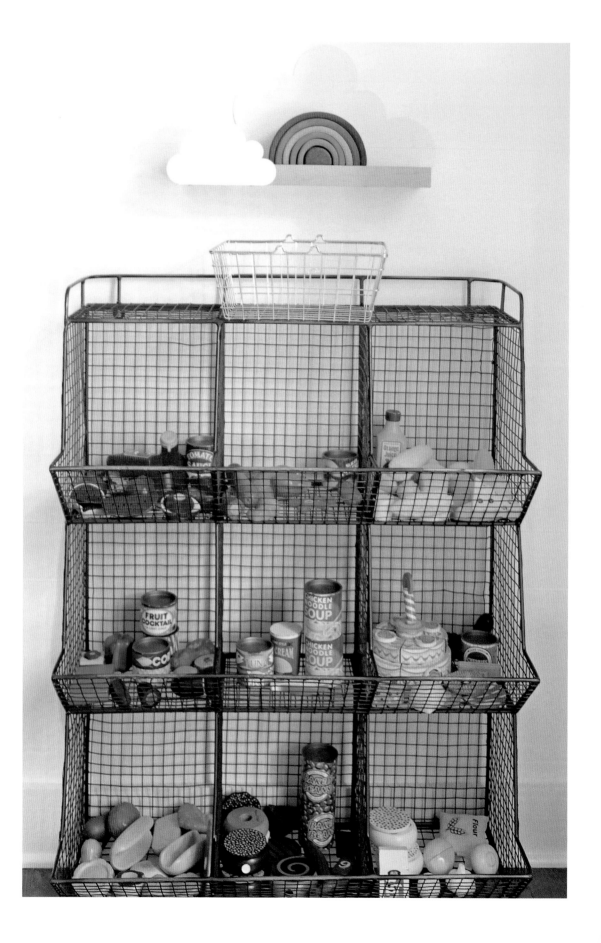

5 种方法成功处理孩子的东西
（如果你囤得太多而无从下手）

1. **一定等他们不在家的时候处理这个难题。** 等他们去上学或是出去玩的时候，甚至在他们入睡之后，拿出抢超市特卖商品的气势，赶紧把家里该丢的东西丢进袋子里；你也可以放宽标准，只丢掉那些他们在几个月内都没有碰过的玩具。

2. **千万别问你家孩子"还喜欢这个吗？"。** 这么一问，他们的注意力立马就会被这个毛绒玩具吸引，虽然他们可能好几个月都没碰它了。相信自己的直觉，丢掉那些你认为他们不会再用的东西。

3. **玩具上缺少的零件，永远也找不回来。** 绝对不可能找回来。只有丢掉这些残缺的玩具，才能结束家里的混乱对你的折磨。

4. **如果怕孩子会想念不见的东西，就把它们放到车库或储物柜一段时间。** 我们将其称为"断舍离看守所"，里面的东西都在等待命运的最终宣判。万一孩子向你要清理掉的东西，你就故作沉思状："嗯……我来帮你找找吧。"或者用令人信服的语气说："哦，我把它和你的其他艺术课作业一起收起来了。"总有一天，他们会明白，收起来就是扔了，但是好在现在他们还听不懂。

5. 现在，这一点非常重要，请记住：**不要保留任何派对礼包里的东西。** 这些小玩意儿最多在你家的书架上待 20 小时，然后你就可以毫不留情地丢掉——我们只允许孩子们在从派对回家的路上玩一会儿，之后便要将它们都丢掉。

文具抽屉

如同我们之前反复强调的那样，从游戏室里最容易整理的空间开始：一个抽屉。右图就是一个装满蜡笔、铅笔、马克笔和荧光笔的抽屉，因为说不定什么时候学校的作业就要用到它们，所以我们谨遵童子军的格言：时刻准备着。

1. 各色画笔用抽屉内置储物盒分别存放。

2. 蜡笔按照颜色分类，避免小孩一直使用某一支。

3. 文具按照彩虹色顺序排列，不仅能激发孩子们的创造性，还能督促他们把东西放回原处。

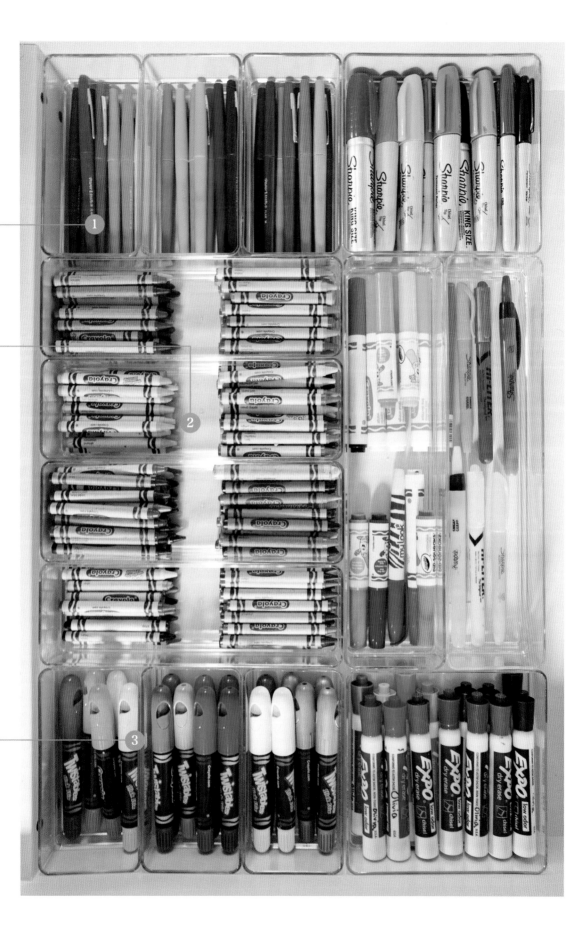

豪华游戏室

　　我们以前从未见过左图这么棒的游戏室，以后也不太可能，所以让我们一起为之惊叹吧。等到恢复理智（好像连喊了 5 分钟的"天啊"和"我做不到啊"才开始工作），我们把这里分成几个区域：作业区、制作区、阅读角、艺术和手工中心，等等。

1. 书本按照彩虹色顺序收纳。

2. 工具书、学校试卷和家庭作业文件夹放进杂志盒。

3. 乐高玩具按照颜色和种类排列，方便取用。

4. 艺术用具旋转托盘摆在桌面正中的位置，孩子们可以围成一圈一起创作。

让孩子
出去玩的抽屉

　　有的家长允许孩子在室内进行涂鸦艺术创作（如果我们的孩子以后也身处这样的家居环境，肯定也会觉得头疼），每次看到这样的情形，我们只能打心底表示佩服。但是，说实话，街头涂鸦粉笔真的不该出现在室内，它应该配得上自己名字中的"街头"二字。况且，游戏不一定要局限在游戏室内。为了保持室内整洁，我们把这个抽屉放在后门旁边，让孩子们可以拿了东西出去玩。

1. 街头涂鸦粉笔放在笔筒里，孩子们不用大人帮忙也能自己拿去玩。

2. 长方形的储物盒收纳所有颜料。

3. 塑料储物盒方便随时擦洗。

随意取用的
玩具柜

　　在整理孩子独享的空间时，我们会遵循一条核心原则：要以方便为主。方便他们自己取用，方便他们自己收拾，方便大人协助，因为我们得承认自身的责任使然。其中一种常用的收纳法是把东西放进透明储物盒里，然后贴上标签。储物盒一定要很轻，孩子的小手也能抓取，而且我们要提供必要的视觉提示，督促他们自己收拾玩具。

游戏室

1. 积木、玩具车和乐高玩具收在可堆叠的储物盒里，选择两种尺寸以放置不同大小的玩具。

2. 玩具车根据颜色分类，让孩子看得更清楚（其实是为了避免他们为了找到一辆车而把所有储物盒都倒一遍）。

3. 识字卡放在笔筒里，让作业变得更有趣。

小贴士/　一个秩序井然的游戏室让整理变成游戏。让你家孩子根据颜色把东西分类放进可堆叠的储物盒里。皆大欢喜！

游戏室

让女孩疯狂的
角落

如果你家孩子痴迷过家家，让我们来拯救你吧。我们测试过各种方案来收拾家里数不清的小玩意儿，所以我们有很大把握，可堆叠的储物盒能大大减少收纳的沮丧，又丝毫不会影响孩子摆弄迷你饰品的乐趣。

1. 留出一些橱柜空间存放各类服装——小芭蕾舞裙、舞蹈服和体操服，还可以准备一些衣架，因为不知道什么时候你孩子的娃娃会突发奇想去购物。

2. 给轻质储物盒贴上标签后叠着放置，是轻松、快速的收纳方式。

3. 提包挂钩挂人背的包，娃娃用的包就收进储物盒吧。

游戏室

SCHOOL

DUCT TAPE

2

SUPPLIES

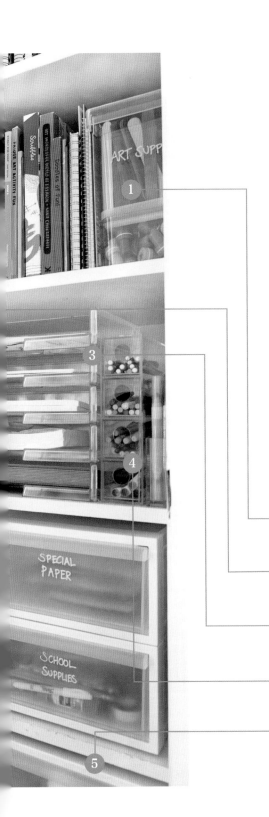

深不可测的
手工用品柜

　　这个手工用品柜是迄今为止我们最为自豪的收纳成就之一。这里看似不难收拾，却堆得满满当当。如果把这个橱柜里的东西都堆在地板上，你无法想象客厅会变成什么样子：成堆的颜料、胶水、胶棒、胶带、填色书、手工折纸和DIY套装。当这个橱柜被清空后，我们才发现，这个看似小小的柜子，其实深不可测。如果你家没有合适的用品，想充分利用这块空间还真不容易。好在我们经过了谨慎的挑选，结果不错，两年后这里还是这样整洁！我们亲自查看过哦。

1. 亚克力文件盒存放颜料和手工用品套装。

2. 门后置物架创造更多存储空间。

3. 用信件托盘存放纸张和手工作品。

4. 亚克力组合抽屉放钢笔、铅笔和马克笔。

5. 深抽屉叠放，充分利用地面空间。

学习小站

随着孩子长大，专门留出一个地方给他们做作业就显得越来越有必要。无论是卧室一角、家庭娱乐室还是游戏室，你都可以把它变成学习小站。你会发现源源不断的灵感帮你完成这项工作。我们最喜欢的一种方式是安装带工作台和开放式置物架的墙上组合柜。当然，我们一定会用彩虹装饰品装扮这里。

1. 不常用的填色用具精心摆放在顶层。

2. 洞洞板可以存放工具、文具和彩虹色系列的彩色铅笔。

3. 笔筒里放各类钢笔、铅笔和荧光笔，孩子做作业时随时会用到。

4. 桌面足够放下两台电脑，而电脑支架又增加了存储空间。

小贴士/ 找一些有趣的装饰物（比如右图的金边玻璃樽），里面放上特别的文具，比如和纸胶带。这是展示趣味收藏的独特方法。

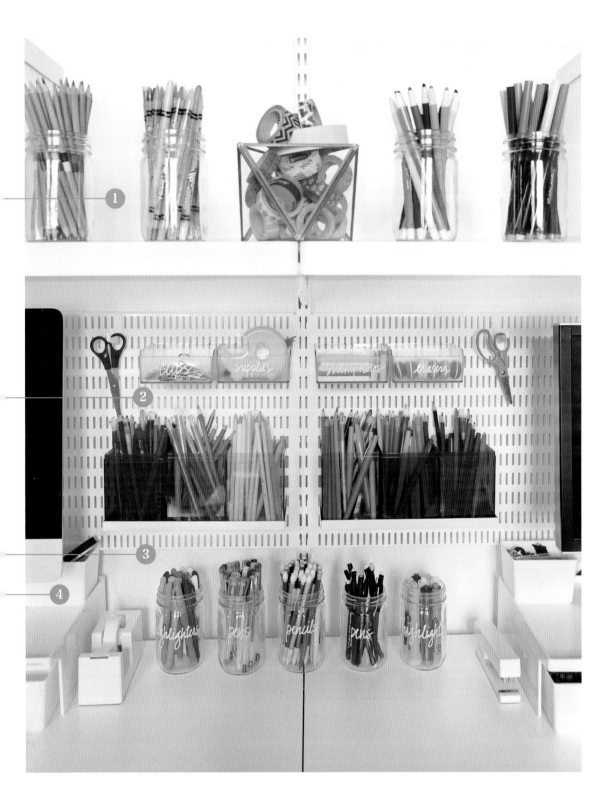

抽屉里的
手工艺杯

　　我们十分痴迷于手工用品，这听起来有点儿讽刺，因为我们从来没用它们做过手工。我们精于收纳，却没那么心灵手巧。老实说，一想到一堆小扣子或是塑料眼睛散落在游戏室，我们就感到不安。但是我们的那些客户敢把这些东西买回家，这里真的要感谢他们，因为整理这些手工用品是我们的最爱。但是为客户而做可以，我们自己就算了。

1. 小储物盒特别适合这种浅抽屉。

2. 珠子、小装饰品和扣子分别收进不同的杯子里。

3. 较大的手工材料和工具放在侧边。

小贴士／ 其实不用特意去买放手工艺品的杯子，你可以用一次性纸杯、酸奶盒甚至茶杯。

格温妮丝·帕特洛家的游戏室

　　我们竟然进到格温妮丝·帕特洛家的游戏室，每每想到，我们都感觉激动得要昏过去，直到现在也难以平静——任谁都会有和我们一样的反应吧。人们总会问我们最满意的整理案例，这间游戏室绝对能进入"超级家居整理"的荣誉殿堂。不仅仅因为这是格温妮丝·帕特洛家的游戏室，还因为我们用尽浑身解数，把这里变成了游戏室收纳的绝唱。

1. 书本和毛绒玩具按照彩虹色顺序排列，等待孩子们休息时光顾。

2. 游戏、益智玩具、乐高和科学实验套装放在对面，用于启迪心智的活动时间。

3. 抽屉里放艺术用具、活动手册和玩偶。

挂起来的玩具架

如果你家没有多余的橱柜、抽屉或是柜子放玩具和手工用品，一组工业风墙上置物架也是不错的选择。它可以挂在客厅、卧室或者游戏室，提升室内的装饰效果。左图这个船形置物架的上方还有一个"烟囱"，正好用来放铅笔和钢笔！

1. 彩色的亚克力储物盒装蜡笔和手工用品，兼具功能性和装饰性。

2. 工业风金属托盘放入中间区域，装画纸和已经完成的涂鸦作品。

3. 可堆叠的储物盒装积木和拼装玩具。

小贴士／ 这种墙上组合架特别适合装在儿童房放尿布和湿巾，等孩子长大了也可以用来放玩具和书本。

楼梯下的储物间

　　《绿野仙踪》让我们理所当然地害怕龙卷风，同样，《哈利·波特》也让人们对楼梯下的储物间没有什么好感[①]。所以，我们强烈推荐在这块区域存放小孩以外的任何东西。你一定不想让自己的孩子也住在这里。不过，把小孩的东西放在这里不是挺好的想法吗？

1. 较深的抽屉和储物盒可以放手工用品和针线。

2. 不带盖的储物篮放笔筒，里面可以装钢笔、铅笔、马克笔和贴纸。

3. 大号的可堆叠抽屉放礼物和派对用品。

---

① 哈利·波特从小就住在姨妈家楼梯下的储物间。——译者注

衣帽间

整理衣帽间不适合"玻璃心"。收纳过程中遍布（不小心就会碰到引信引爆）情绪炸弹。就在你认为自己有点儿进展的时候，就摸到一件过去某个重要场合穿过的连衣裙，或者你怀第一个宝宝时穿的毛衣。即使你成功克服了这些障碍，又会发现10年前的衣服，提醒你再也瘦不回去。不过，如果定下一些目标和准则（也可以翻到第41页重读"断舍离的原则"），你就能顺利通过这一关。

衣帽间收纳准则

1. 收纳衣帽间的第一条准则，就是不要与他人谈论你正在收纳衣帽间这件事。不要跟朋友说，他们等着接收你不要的东西；不要跟你的婆婆说，她会时不时检查送给你的围巾和毛衣是不是还在；更不要跟你的女儿说，她会突然求你留下一个老物件，但是之后根本不会再理会。如果你已经结婚，肯定不想跟自己的伴侣谈论这件事，因为对方会查看你的进度，不停打断你。

2. 现实一点。这一点再怎么强调都不为过。如果你发现一条怀孕前穿的低腰牛仔裤，跟它说再见吧。

3. 相信自己的直觉。不管出于什么原因，你不再喜欢某件衣服，那么接下来的几个月你也不会喜欢它。你肯定不想让自己不喜欢的东西占据宝贵的储物空间。

4. 不要有负罪感——不管是别人送给你的，还是自己花大价钱买来而舍不得扔的。不要觉得难过！留着它只会占据你家的衣帽间的宝贵地盘，从而导致放不下自己真正喜欢的东西，这才真让人难过。相反，如果东西挺值钱，你可以把它放到网上或者二手店卖掉，也可以送给喜欢它的人，或者捐给需要的人。这些都是不错的选择，绝不能留着不需要的东西。

5. 别反悔。一旦你决定丢掉某件东西，就不能让它有机会再回到衣帽间。不能走下坡路。坚持住，一定别碰已经决定捐出去的那些衣服。

　收纳的基本

瑞秋·佐伊的
衣帽间

　　整理瑞秋·佐伊的巨大衣帽间，不亚于参加"家居整理奥运会"。其实，我们之前想象过比赛中会发生什么，而且觉得自己完全能搞定，回头看，那时的想法根本不着边。目前为止，整理瑞秋·佐伊的衣帽间就是我们离想象最近的一次。

1. 大型包袋和露营用品放在顶层。

2. 外套按照设计者、色彩和类型分别挂放。

3. 特殊材质的夹克要套上保护套。

4. 每个分隔支架上都贴有标签。

小贴士／ 要挂这么多外套就需要用质量好的细衣架。虽然一开始投入很多，但真的值得！

没有衣帽间也
没问题

　　架子上排开一列衣物篮，就能创造一个衣帽间。我们在一家人的卫生间里设计了一个这样的衣帽间。其实，任何一个空置的带隔板的柜子都可以。把衣物篮摆在柜子顶层或悬挂衣物的下方，或者改造一个鞋柜。每寸空间都可以充分利用。

1. 可折叠的衣物放在他或她的篮子里（他的放得高些，她的放得矮些），需要挂起来的衣服还是挂在衣柜里。

2. T恤卷起来，不仅充分利用了空间，还更容易找到。

3. 抽屉内置隔板摆在篮子里，让袜子更整齐。

4. 底层留一个小凳子，方便拿取高层的东西。

小贴士/ 如果你读过近藤麻理惠的《怦然心动的人生整理魔法》，那么你应该知道怎么折衣服。就算没读过也很简单，就是把过去堆放的衣服竖起来，这样更容易看清楚——不用非把抽屉（或篮子）里所有东西拿出来才找得到自己想要的那件T恤。

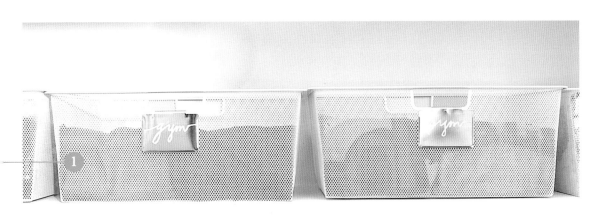

鞋柜

　　室内设计师朱莉·库奇真的知道自己要什么，所以在主卧利用一整面墙放鞋子。她不仅确保每层隔板之间都留出足够的层高，方便放高跟鞋，还设计了放高筒靴的格子。巧妙的布局让我们的整理更轻松（所以，我们花了好一会儿称赞这个设计）。

1. 最长的靴子放在格子里，用靴夹固定在一起。

2. 高跟鞋和平底鞋放在开放式架子上。

3. 拖鞋、球鞋和冬靴装在鞋盒里，贴上标签，放在鞋架和地板上。

小贴士／ 如果你家里没有设计放靴子的地方，可以调节衣柜的层板，把高筒靴放进去，或者用可调节的书架放鞋子。只要层高合适就能用！

校服和运动服衣柜

孩子们不再只是上学：他们课后的每一分钟都被各种俱乐部、体育活动和团队活动填满了。所以，在给上学的孩子们收纳的时候，我们也会尽量考虑到每一项课外活动用品的存储空间（这是有原因的！），这样他们换各种制服就更方便。

1. 门后置物架放篮球、网球和排球运动服。

2. 架子上的亚克力抽屉放泳衣和家居服。

3. 衣服挂在防滑衣架上，避免滑落。

4. 背包挂钩让背包都立了起来。

5. 可堆叠的亚克力鞋盒充分利用了地面空间

托马斯·瑞特和
妻子阿金斯的
衣帽间

　　如果你认为女士的衣服比男士多，那么我们要说，还真不一定。有时，男士的衣服可能多得多……不过说实在的，乡村乐手托马斯·瑞特本就因多变的造型声名在外，我们也想通过一种收纳方式把他的所有衣物归置妥当，同时展现他本人的品位。

1. 特殊场合的靴子和正装鞋装在鞋盒里，放在衣柜顶层。

2. 跑鞋（当然是他的最爱！）用靠墙的鞋柜展示出来。

3. 休闲鞋装进鞋盒，放在衣柜正中。

4. 帽子放进可拉出式抽屉，防止积灰。

5. 衬衫、运动衫和夹克分别悬挂。

小贴士 / 存储空间不够的时候，别忘了上面！衣柜顶层通常有额外的空间，特别适合存放大件行李箱或换季衣物。

极简衣柜

　　有些衣柜只有一根挂衣杆，幸运的话，可能有一层板。此时，我们会尝试一些创意方案，充分利用空间。现在，你一定已经发现我们对门后储物的偏爱。这个方法真的太好用了，我们希望所有人和我们一样利用好这个地方。还有手推车，谁不想来一辆呢？

1. 旅行用品和亚麻制品放在顶层。

2. 添加几个挂钩挂帽子。

3. 衣柜门后放跑鞋和拖鞋。

4. 手推车可以轻松移开。

衣帽间

宴会厅那么大的
衣帽间

　　说实话，你可以在这个衣帽间里举办高中舞会，甚至是一场小型婚礼和招待会。实际上，这里不应该叫衣帽间。不过，我们着手整理的时候（这里其实已经很整洁了），想多花些力气让这里看起来更上镜。

1. 运动上装和下装放在左边第一区。

2. 衬衫、毛衣、夹克、连衣裙和裤装分开挂。

3. 配饰、冬季衣物和内衣放进抽屉和衣柜。

4. 网球服和健身服根据颜色和种类分开悬挂。

5. 跑鞋放在地板上，正装鞋摆在架子上。

6. 耳环和项链摆在亚克力首饰架上。

7. 手表放进亚克力首饰盒。

8. 手链放在天鹅绒盒子里，避免划伤。

小空间衣柜

　　我们多想在这个衣柜上加个门后置物架啊！你们能想象到吗？可能可以吧……而且，看到衣柜原本好看的门上根本装不下衣杆的时候，我们真是心痛。但是，即便这些方法都失败了，我们还有绝不会让自己失望的挂钩！我们可以把手提包挂在上面，还能通过打造一个"地板抽屉柜"来充分利用地板空间。

1. 不常穿的拖鞋和高跟鞋放在上层架子上。

2. 手提包挂在门后挂钩上。

3. 牛仔裤叠好放在组合抽屉里。

4. 最常穿的球鞋和靴子放进地板上的鞋盒里。

小贴士/ 鞋盒堆叠在地板上，不仅充分利用竖向空间，而且鞋子不会落灰。

他的衣柜

我们时不时会碰到整理丈夫的衣柜这样的任务，通常是待办事项中优先级最低的那个。不过，我们还是会花一些时间把这块区域装扮一新。左图这个衣柜有着十足的纳什维尔风格，因为有太多牛仔帽啦！

1. 帽子排成一排放在架子的顶层。

2. 鞋子按照从最正式到最休闲的顺序放在倾斜的架子上，方便挑选。

3. 使用木制鞋撑。

4. 拖鞋放进鞋盒里。

小贴士 / 拖鞋不像其他鞋子那么占地方，所以一个鞋盒通常可以放好几双拖鞋。

成年人也有
自己的活动，
也需要衣帽间

　　不是只有孩子才打网球、游泳！有些成年人也幸运地拥有自己的爱好（除了吃我们没有什么爱好，有时候睡觉也算），我们非常乐意为他们创造一个专属空间，存放泳衣、瑜伽服和网球裙。

1. 冷天的运动服放在顶层架子上。

2. 托特包用挂钩挂在上方撑杆上。

3. 泳衣和罩衫材质柔软，叠好后要放在有内衬的置物篮里。

4. 网球裙和夹克以统一间距整齐地挂起来。

凯茜·马斯格雷夫斯①的衣帽间

凯茜·马斯格雷夫斯在开始建造自家衣帽间的时候，就请我们帮她设计布局。我们通常在衣帽间建好之后才开始工作，所以这次能有机会为客户决定挂衣杆的放置，甚至设计一个专门的首饰站，这让这个衣帽间工程变得格外特别。不仅如此，我们还能按照彩虹色整理手提包、带铆钉的高跟鞋和夫妻俩的牛仔靴。

1. 手提包挂在托特包架上。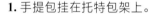

2. 太阳镜、珠宝首饰放在叠放的透明带盖储物盒里。

3. "猫王"流泪的画是凯茜最后放上去的！

4. 造型别致的鞋子和手包要展示出来。

5. 长项链挂在金色马蹄铁形状的钩子上。

6. 换季的衣服和备用帽子放在上方的储物篮里。

7. 她的衣服在右边，他的衣服在左边。

---

① 美国创作型乡村女歌手。——译者注

厨　房

　　这里是家居整理最重要的部分，所以我们要分成两部分讲：一部分讲厨房，另一部分专门讲食品柜（就像电影《哈利·波特与死亡圣器》分成上下两部一样；有些东西需要慢慢来）。

　　厨房可以说是大部分人的收纳"滑铁卢"，所以在开始整理之前，不妨尝试把这里分成几个不同的区域。你甚至可以用便利贴标注每个柜子和抽屉，形成自己的路线图。同每个整理项目开始时一样，我们建议先收拾一个抽屉——可以是餐具抽屉、厨房用具抽屉，甚至是杂物抽屉。自己选一个，然后赶紧开始收拾吧！

杂物抽屉
不再杂乱

　　你很难知道什么时候自己会用到一节电池或者一卷胶带，或者夺门而出之前有东西要签收。一个收纳整齐的杂物抽屉，和一个会让你冲着客人大吼"不要打开！"的抽屉，两者之间的主要差异就在于考虑周全的清理和极大的克制。所有的杂物抽屉里都有可以丢弃的杂物，剩下的东西都要好好归置。

1. 未拆封的电池一定要单独存放，以保证安全。

2. 数据线、硬币和夹子都待在自己的小储物盒里。

3. 大的手电筒和其他工具放在抽屉的两边，固定收纳盒的位置。

带衬纸的抽屉

在我们整理过的所有厨房抽屉中，这个案例一直是我们的最爱。这些抽屉属于我们的DIY导师、A Beautiful Mess（美丽的混乱）博客博主埃尔西·拉森；在为我们的"女王"整理的过程中，我们用尽了全力。她的厨房是薄荷绿和烟粉的世界，所以我们用大张渐变色纸做抽屉的内衬。

1. 日常用具和刀叉餐具放在抽屉前部。

2. 娱乐用品放在后面——金色鳄鱼奶酪刀除外，这些可是要放在前部和中间的。

3. 可伸缩的餐具托盘和各种尺寸的组合储物盒相得益彰。

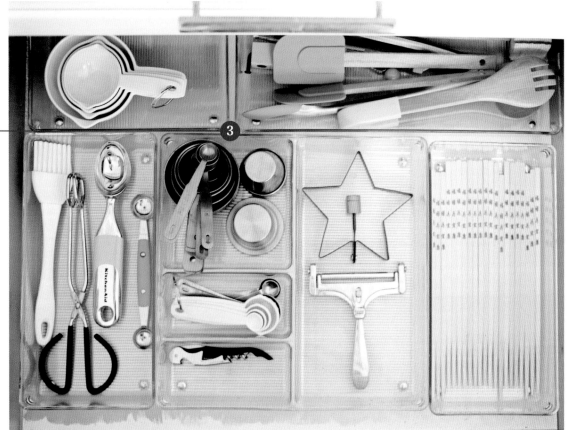

咖啡站

我们在整理厨房的时候，总会神不知鬼不觉地创造一个饮料站。不管是一个咖啡柜、一个茶叶罐，还是一个奶昔站，我们都乐意留下一些特别的东西。我们承认，有时候我们太得意忘形了，以至于后来才发现客户半年前已经戒掉咖啡因或者根本不爱喝茶……不过，大多数时候，这个咖啡站还是能取悦很多人。

1. 咖啡杯放在咖啡机的正上方，方便快速取用。

2. 咖啡粉囊包放在透明储物罐里，轻松选择各种口味。

3. 托盘里放喝咖啡和茶需要的用具。

厨房水槽下能
放所有东西

　　我们为自己的工作感到自豪，但把厨房水槽下的橱柜改头换面，是最让人心满意足的任务。如果一个人只是在心理上准备接受整理自家的水槽柜的任务，那么他最后不是不知道如何下手，就是搞得一团糟。我们相信每件东西都该是一物多用的，所以这里提供一个双赢的方式帮助你清理你家的橱柜：

1. 备用清洁用品排在最后面，需要的时候及时补充。

2. 储物盒放备用洗手液。

3. 小包清洁用品和清洁海绵放在旋转托盘里，方便取用。

4. 使用便于清洁的储物盒。是的，即便是装清洁用品的储物盒也需要擦拭。

收拾水槽柜也是有氧操

1. 下蹲。

2. 取出所有恶心的、渗漏的、黏糊糊或是老旧的东西。

3. 起身站立。

4. 转身把那些东西都丢进垃圾桶。

5. 重复上述动作。

看，是不是很简单？剩下的所有东西分装、贴标签即可。

招待客人的
橱柜

我们会将招待吃晚饭的客人数量控制在个位数，而且我们都有自己的聚会标语，比如"请在 7 点前离开"。我们不会强迫你接受我们的招待礼仪，但是我们能够帮助你整理所有待客用具。不过，如果你想要敞开家门，欢迎那些根本不会在意你精心摆放在每个房间的杯垫的人，好吧，那是你的决定。

1. 野餐用具整齐地放在防水的塑料储物盒里，这样就可以在户外招待客人。

2. 野餐用的杯盘、吸管和餐巾纸放在顶层架子上。

3. 刀叉餐具放在单独的塑料筒里，分类放置。

4. 亚麻制品、餐垫和餐巾环放在底层架子上。

"健康"的冰箱和冰柜

　　事实证明，如果你只吃水果和蔬菜的话，你的冰箱和冰柜看起来会像你一样棒——"吃掉彩虹"这个词就有了新的含义，我们特别支持这种做法！当然，我们支持别人这么做，但我们自己吃得没这么健康。

1. 牛奶、水和果汁装在玻璃罐里和亚克力容器中，放在冰箱顶层。

2. 切好的水果放进玻璃食品盒里。

3. 提前备好的方便餐食和农产品放进开口的储物盒和抽屉里。

4. 冷冻的水果分别放进储物盒里，随吃随取。（这家的冷冻零食都这么健康……怎么做到的?!）

孩子的餐具抽屉

　　经常有人问我们，厨房里孩子的餐具该怎么放。那些东西总是杂乱地堆在橱柜里，像是"彩色炸弹"爆炸后的一片狼藉。有很多办法可以让这些碗碟和鸭嘴杯归位，我们最常用的方法就是将它们放进抽屉。而且，这么做还有一个好处：能让孩子自己收拾。

1. 餐盘和零食盘整齐地排列在储物盒里，不要叠放。

2. 喝水的杯子分别放在不同的隔层里。

3. 餐具放进置物筒。

4. 鸭嘴杯成排放好。

小贴士/ 定期清理小孩的塑料餐具。因为一旦餐盘上艾尔莎（《冰雪奇缘》中的人物）的脸开始脱落，就该……放手①了！不好意思，情不自禁就会跟着唱起来。

———————————

① 英文为 Let It Go，电影《冰雪奇缘》主题曲名。——编者注

保姆抽屉

　　比小孩的餐盘和零食盘还麻烦的就是奶瓶。有些奶瓶恨不得有 700 多个零件，每一个都要单独清洗、消毒，然后烘干。每天这个过程都要重复七八次。这就是家里有宝宝的人的生活。不过，好在你可以把这些东西单独放在一个区域，驱散那些让人抓狂的无眠之夜。地方不用大，但真的有用。

1. 吸奶器和储奶瓶整齐地放在一起。

2. 奶瓶和备用奶嘴放在不同的储物盒里。

3. 消毒器、食品储物盒和防溢乳垫排列在旁边。

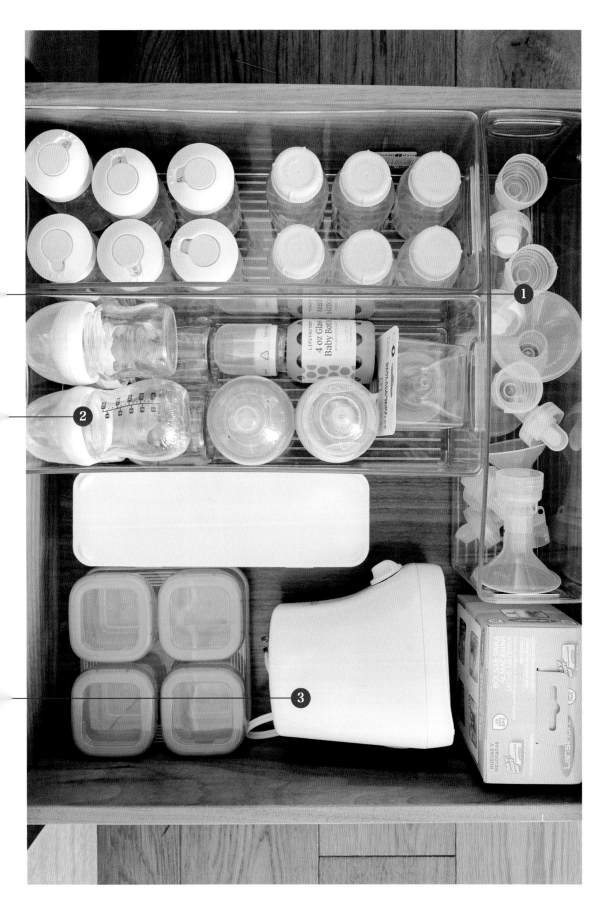

玻璃门橱柜

有些玻璃门橱柜看起来就像没有柜门一样，里面的东西因为少了柜门的遮掩，你难免要费力保持橱柜的整洁。通常，我们会在玻璃门橱柜展示好看的盘子或酒杯。但是，有时候橱柜空间太宝贵了，不能拿来装那些你从来不用的东西。怎么办呢？答案是统一储物罐风格。

1. 不常用的待客大平盘和大碗放在顶层架子上。

2. 大米、意大利面和干货装进储物罐，放在第二层架子上。

3. 烘焙用的糖和面粉装进储物罐，放在离搅拌机最近的那层架子上。

小贴士/ 家里的橱柜不是玻璃门也无妨，只要丢掉食品原来的包装，放进储物罐，就能让橱柜看上去更棒！

玻璃门冰箱

　　比玻璃门橱柜更难整理的，大概就是玻璃门冰箱了。只用好看的盘子和储物罐是不够的，冰箱里的食物更替频率比食品柜还要高。这么说吧，选择使用玻璃门冰箱，就像养了一只猫……一周要照顾它好几次。

1. 牛奶、果汁和鸡蛋放进大水杯和鸡蛋托盘里，减少视线范围内可见的包装袋。

2. 储物盒里放酱料、面包酱料和调味汁。

3. 预制食品和切好的水果放进玻璃食品盒。

4. 不透明的抽屉用来放乳制品和高蛋白质食物。

小贴士／ 用可清洗的记号笔在装牛奶或鸡蛋的容器上标明保质期。

食品柜

我们会在墓碑上这么描述自己："食品柜的完美主义者，储物罐的狂热爱好者，旋转托盘的支持者，一直致力于给所有东西贴上标签的女人。"我们真的，真的，真的很喜欢食品柜。这里是我们最喜欢整理的地方，无论它的形式、大小如何。接下来你会看到我们的部分杰作，一些侥幸成功（我们绝不允许自己在一个糟糕的角落栽跟头！），还有一些则很容易布置，你可以在家轻松复制。

在动手整理食品柜之前，一定要清楚，这里是屋子里最难收拾的一个地方……一旦把食品柜清空，你会发现自己被成堆的意大利面盒、麦片和罐头包围，此时，你可能会崩溃。我们就崩溃过，还不止一次。看着周围成堆的东西，你会想："里面怎么会有这么多东西！"通常，原因是每件东西都堆在一起，一个挤着一个，以至于架子上的东西不能再多——仅仅以杂乱无章的方式。如果你打算接受整理食品柜这个挑战，当务之急就是理清头绪，把每件东西归类放好。

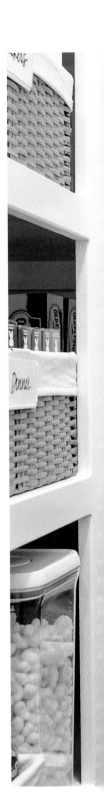

食品柜

食品柜

此时，我们的"超级家居整理"训练就要发挥作用了，因为食品柜必须按照我们的步骤整理。不要留恋闪闪发光的东西，除非你想把所有东西都丢掉，重新开始；一旦开始清空食品柜，你就要想办法把东西放回去。所以，在正式考验开始之前，让我们赶紧再复习一下：

1. **测量食品柜尺寸**，这样才能选择充分利用空间的储物用品。

2. **所有东西都拿出来**，分类堆放（如早餐、晚餐、零食等）。

3. **检查每一堆食物**，扔掉过期的、买重的和渗漏的那些。

4. **剩下的东西**收进备好的储物盒。

5. **把储物盒分门别类放进食品柜**，方便居家使用。

食品储藏柜

有些人会说:"好吧,有什么好说的呢,我家连食品柜都没有。"但是食物总要放在什么地方,即便是一条谷物棒!食品储藏柜就是放食物的好地方,只要你能让这个小小的空间变得井然有序。

1. 茶叶罐放在饮料包上面。

2. 早餐、晚餐、烘焙用品和饮料分别放在与柜子尺寸相当的储物盒里。

3. 香辛料、酱汁和调味品放在旋转托盘上，在高处也方便取用。

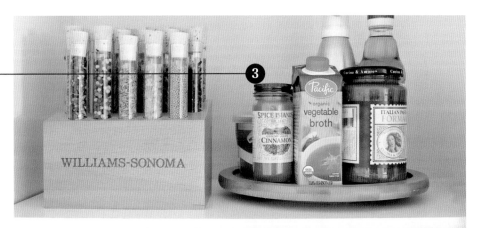

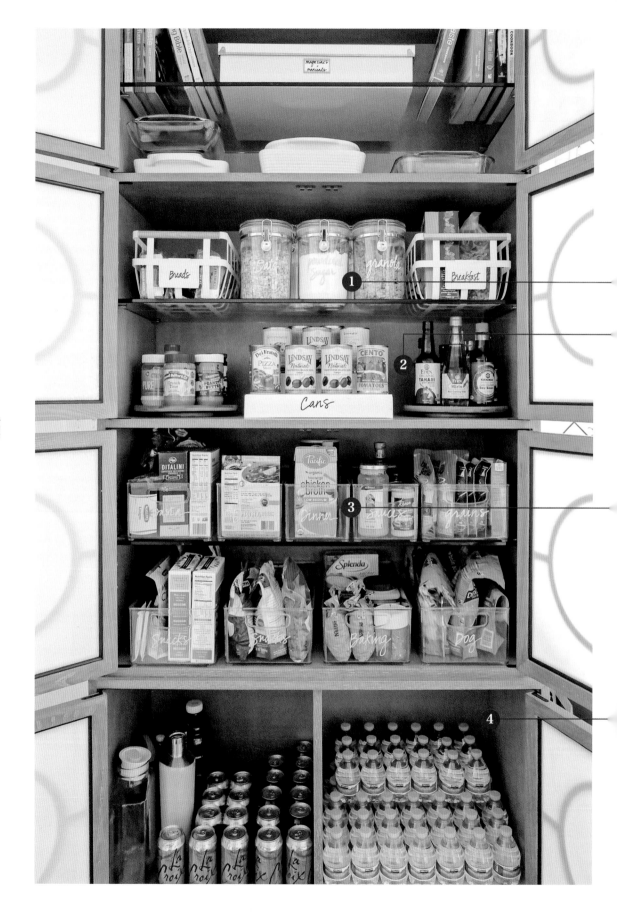

食品柜

墙面食品吊柜

如果你家的厨房特别小，没有橱柜可用作临时食品储藏室，那就在墙上增加一个吊柜。当柜门关上时，这就是一件好看的家具；打开柜门，里面是完美的食物储藏室（如果我们非要这么夸自己）。

1. 早餐和烘焙用品放在透明的储物罐里，一目了然。

2. 面包酱、罐头和调味品放在支架和旋转托盘上。

3. 加深的储物盒里分别存放不同种类的食物，可以像抽屉一样拉出来。

4. 饮料放在架子底层，支撑上层架子的重量。

食品柜的秘诀

如果你家的食品柜快让你崩溃了，记住这几句话：

1. 不要死守食品保质期。薯片过期，可能只是不脆了，不一定非要扔掉。不过，易腐烂的食物（油、坚果、肉汤等）过期就一定得扔掉。就是这样。罐头也会变质，所以一定要检查家里的存货。

2. 尽量去掉食品包装，这样更容易放进储物盒和储物罐里。

3. 只保留你家的食品柜能够存储的量。我们并非要在家中营造逛好市多的感觉，所以要考虑家里的空间大小，适当囤货。

大厨的食品柜

通常情况下，我们不建议把所有东西都放进储物罐里，因为这样做工作量太大了，每次你从商店回来都要把东西放进储物罐，而且要等到它们快空了才去补货。我们可不习惯过得这么紧张，但这个案例的客户是一位厨师，她对储物罐收纳非常有信心，那么我们也就乐于这么做。而且，这样看上去真的好看，所以我们一下子就接受了。

1. 干货和零食放在大小不同的储物罐里，有些放在支架上，方便取用。

2. 最常用的面粉和糖放在台面上。

3. 不同种类的农产品放在可堆叠的透气食物篮里。

食品柜

食品柜

早餐柜

　　还记得我们说过，喜欢在厨房里创造一个饮料站吗？我们也喜欢在食品柜里这么做。饮料站设在哪里都合理。当看到食品柜里有这么多茶叶的时候，我们马上就开始在脑海中幻想把它们排成一道彩虹了。

1. 各类麦片和煎饼粉放进玻璃罐里，用勺子取用。

2. 茶包整齐地排列在可拉出的抽屉里。

3. 茶包按照彩虹色收纳——没什么原因，就是想趁这个机会这么做（我们一般会在适当的时候按照彩虹色收纳，但这回我们就是为了好玩儿）。

小贴士／ 如果食品的包装有用又好看，就像这些茶包的盒子，那就留着它们！不用另买储物盒了。

自己打造的
食品柜

　　即使没有一整间房间做食品储藏室，你也能参照我们之前展示过的墙面食品吊柜（第 219 页）亲自打造一个简易版食品储藏室。这个特别的食品储藏室就装在厨房旁边，现在成了梦想中的食品柜。你家也可以拥有同款。

1. 储物篮放在架子顶层。

2. 意大利面、谷物早餐和麦片放到储物罐里，摆放在旁边的
　　架子上。

3. 罐头食品和调味品排列在中间和旁边的架子上，最常用的
　　一定放在中间。

4. 厨师机放在台面上，其余空间保持整洁。

5. 零食和饮料分别放进可拉出的储物篮里。

食品柜

黑白食品柜

　　众所周知，我们既是食品柜的支持者，又是黑白配色的信徒。所以，左图这个食品柜成了我们的心头好。而且，按照灰阶而不是彩虹色收纳这么多不同种类的食材，可真有趣。

1. 谷物早餐、烘焙面粉和蛋白粉装进细长储物罐里，然后排列整齐。

2. 各类食品放进不透明的木制储物盒里，保持色调统一。

3. 醒目的黑色标签让找东西变得更容易。

4. 烘焙用具放在下面，果汁机和待客用具放在上面。

小贴士／ 想想哪些东西最重，然后把它们放在方便取用的高度，即便是不常用的东西也要这样。可不能把笨重的物品放在高过头顶的位置。

赏心悦目的
食品柜

　　美丽的家不一定都有步入式食品柜，但是一个拉取式设计的食品柜一样能兼具功能性和审美性。不过，你要记得哪些东西放在哪层架子上。在右图这个食品柜中，我们尽量让所有东西都清楚可见，并巧妙利用拉取式抽屉。

1. 甜食和为周末准备的麦片放在架子顶层，不让孩子够到。

2. 干果、坚果和奶昔配料放在可堆叠的储物罐里。

3. 麦片罐放在抽屉前面，早餐食品放在抽屉后面。

4. 给孩子们准备的健康零食放在最下面的两层抽屉。

曼迪·摩尔①家的
食品柜

在英语里，曼迪·摩尔的名字Mandy Moore和store（商店）押韵，而她想要的食品柜也是商店中的那种样子。如果你了解曼迪重新装修现在的家的过程，你就知道最后呈现的效果有多完美。所以，她的食品柜也理所当然地堪称完美！

1. 大量的存货放在顶层架子上。

2. 食物不能让家里的宠物狗够着。

3. 定制的调料罐收在旋转托盘上。

4. 厨房用具放在操作台上，保持台面整洁。

5. 各类食物放在两侧的架子上。（没有拍到照片，但是我们发誓，真的有食物！）

6. 未拆封的纸巾和瓶装水整齐地摆在底层架子上。

---

① 美国女歌手、演员。——译者注

没有食品柜的
解决办法（一）

　　我们一直在说从一个抽屉开始收纳，但是有时候收纳的终点也可以是一个抽屉。如果你家没有食品柜，橱柜空间也不够用，那就用抽屉吧！抽屉最适合做零食站，以及存放各种饮料和香辛料。

1. 把香辛料从包装盒里拿出来放进统一的香辛料罐里，不仅大小合适，还能像定制的一样整齐美观。

2. 香辛料罐按照字母顺序排列，方便快速辨别。

3. 未拆封的蛋白棒和茶包放在大小不同的储物盒里。

小贴士／你可以按照字母顺序、颜色或尺寸摆放香辛料罐。依照你的个人喜好，选择最容易坚持的分类系统。

没有食品柜的
解决办法（二）

　　有了抽屉收纳用具，我们就能把早餐、零食和小孩的东西都放进一个抽屉，再也不需要食品柜啦！

1. 零食棒、小袋水果泥和坚果横放在抽屉的最后面。

2. 早餐谷物棒和燕麦竖向排列在抽屉的前面。

3. 东西平放，以适应抽屉的高度。

零食柜

　　说到零食，右图这个食品柜可是"前无古人，后无来者"。是的，我们完美搞定了储物罐的部分，但是这个待会儿再说。先让我们停下来好好欣赏摆放得像彩虹一样的零食，不要在意这些非有机食品和不太环保的外包装。我们是来整理食品柜的，而不是教人们怎么吃东西！

1. 饼干和薯片放在储物罐里，小袋装零食放在不同的开放储物盒里。

2. 麦片、面粉、谷物，还有干果和坚果转移到储物罐里，以延长保鲜时间。

3. 按照彩虹色收纳零食让孩子也能参与，鼓励他们主动保持食品柜整洁。

4. 农产品放进底层食物篮里。

小贴士/ 有些谷物有具体的烹调时间要求，在去掉包装袋的时候，可以把烹调说明贴在储物罐背面，或者剪下来放到储物罐里。

铁丝架食品柜

迄今为止，最令人头疼的食物储存方式就是铁丝架食品柜存储。把食物收到架子上很容易，但是这些架子中间有缝隙，就像一个个陷阱。但是别担心，总有一些有用的小贴士帮你移开架子上的绊脚石。

1. 架子顶层的储物盒很浅，而且有延长的把手方便取用。

2. 晚餐、早餐和零食收进平底储物盒，这样不会卡在架子上拿不出来。

3. 谷物早餐转移到方形储物罐里，因为细长的盒子很难立在铁丝层板上。

小贴士／最好买一个耐用的塑料透明衬垫，按照你家的铁丝架尺寸切割，或者在五金店买一块切好的。

格温妮丝 · 帕特洛家的食品柜

获得整理格温妮丝 · 帕特洛家的殊荣已经让我们感觉很棒了，然而当她告诉我们，我们将进入goop^①的世界时，我们发出了不可抑制的尖叫，甚至还跳了起来。如果重来一次，我们还是会这么激动，因为这反应再正常不过了，礼仪什么的先放一边。最后，让我们用食品柜中的典范来结束这一章。

食品柜

1. 食品柜最上层放存货的储物篮，随时等候补货。

2. 罐头食品放在可堆叠的透明储物盒里，充分利用层架高度。

3. 大袋的晚餐、早餐食物和零食放在大号储物篮里。

4. 辛辣调味品和面包酱用标签分类（早餐、甜食、异国料理等）后摆在柜门后。

5. 常吃的坚果、干果和谷物放在密封罐里保鲜。

6. 带去学校的零食分别放在孩子的篮子里，方便随时打包进午餐盒。

小贴士／ 在可重复利用的储物罐后面或底部贴一块白板胶带，写上保质期。

---

① 格温妮丝 · 帕特洛创立的生活品牌。——译者注

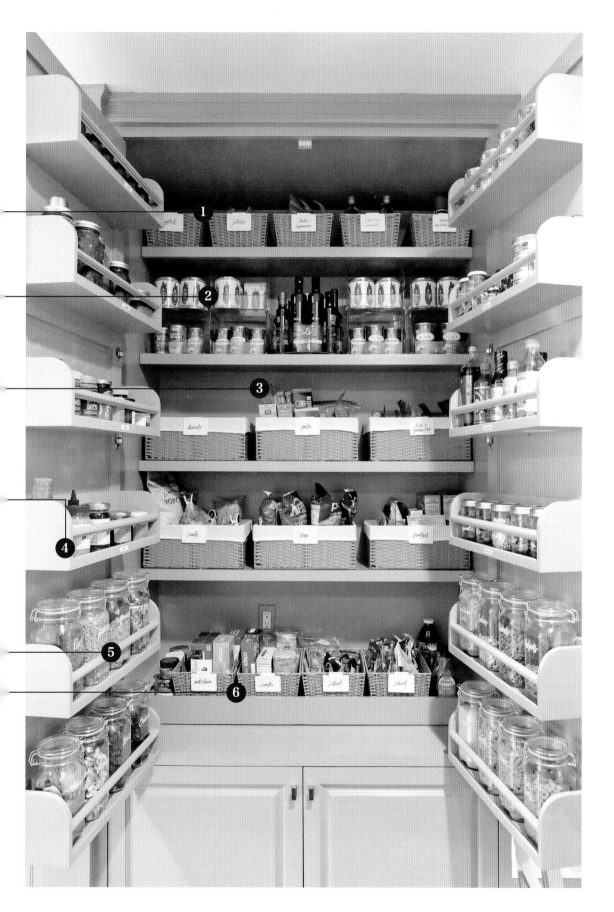

保持

（我们保证你家会一直
这么整洁）

我们不会说谎，维持你刚收拾好的空间的美感，需要费点儿力气。但这并不会很难，也不会很费劲儿，只是需要你坚守刚刚创造的秩序。无论是收拾家里，还是保养汽车和身体，你都要有些警觉，觉察哪些东西要定期检查，以维持良好的秩序。好在经历了我们在前面讲到的清理和整理步骤之后，你已经创造了一个可以随取随用的系统。如果之前的步骤你都没有做错，那么这个系统不仅可以充分协调你的空间大小和东西数量，还能充分发挥特定空间的功能。所以，稍稍花点儿心思——那种让家养植物（是多肉植物，可不是娇贵的兰花）活下来的心思，轻松维持家中整洁。

　　幸运的是，"超级家居整理"的精髓是一环套一环，所以保持整洁要多容易有多容易。我们让你做的每件事都是有原因的，不仅是为了让你家的橱柜、食品柜、冰箱能在照片墙上看起来更好看。从精简物品到贴标签，再到协调色彩——让空间既美观又实用——每一步都不是心血来潮。现在，我们赶紧开始讨论怎么避免半年之后你家再次陷入混乱吧！

长期成功的小秘诀

让其他人一起帮忙

我们常常听到这样的抱怨"我的室友没法儿维持"或是"我的孩子会把这儿搞乱"。但是不要仅仅因为和别人住在一起，就认定家里没法儿保持空间整洁。如我们之前所说，维持收纳秩序要费点儿力气，但并不会很费劲儿。你可以这样想：自己是不是在餐具抽屉里放上了一个餐具分类格？如果是这样的话，每个人用了餐具之后，不是都默认勺子放在这一格，刀叉放在另一格吗？

遵守收纳系统在其他空间也是一样！这和把餐具从洗碗机拿出来，收进抽屉一样简单，特别是当你听从我们关于贴标签和使用彩虹色收纳的建议（详见第 49 页和 47 页）时。并不是说，你的同伴太粗心或室友太大意就不能帮你维持空间的整洁。而且，我们收纳的时候，也不会觉得小孩太小没法儿参与整理行动。我们自己的小孩都被当成家居整理的学徒来训练，所以我们也非常鼓励你的孩子一起整理。实际上，让家人都参与家居整理，对长期维持你家的收纳秩序至关重要。不管是谁，只要和你住在同一屋檐下，每天都使用这个空间，他就应该了解维持你的劳动成果有多重要；这才是关键。

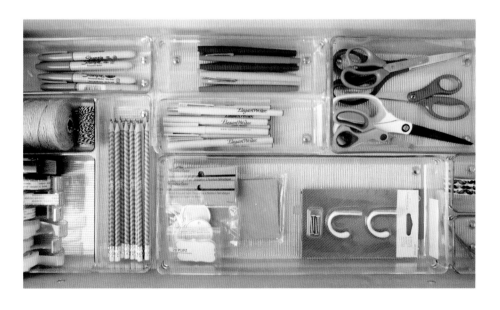

买一件，丢一件

这并非通用规则，但是确实能帮助你避免重回混乱的终极灾难。在你把家里收拾一新……然后开始囤更多东西之后，这条规则就能发挥作用。好在一个构建良好的收纳系统不仅能够满足你目前的收纳所需，也能灵活接纳未来会买入的东西。

但是，假如你过分热衷于购买新款毛衣，或是囤一堆牙膏，那再好的系统也拿你没办法。我们会把这个规则比喻成避免过度饮食的"二八定律"：你不想吃到十成饱，那样吃完只想躺在沙发上；饮食的理想状态是八成饱——既满足又舒服。家居整理也是如此：你想留出一点儿空间，这样在买了一双新鞋、一件外套或一包特价卫生纸的时候，仍旧能把这些新东西收在家里，同时维持空间的舒适和清爽。如果你开始滥用这些备用空间，把东西塞进各个角落，很快你将失去那种让你感觉整洁方便的家居环境。

一个塞满东西的空间，就像你吃了太多炸薯条后的肚子，得松开皮带缓缓。即便可以能腾出地方，你也不会感觉舒服，而且触碰了收纳系统（和你的自尊）的底线。所以，我们建议，当你买一些东西回家时，请一定丢掉一些东西。我们常说："要么拥有东西，要么拥有空间，但是两者不可兼得。"我们不会站在你家的卫生间的洗漱台旁边，举着棒球棒威胁你不要把多余的保湿霜塞进卫生间——毕竟那是你家，你想怎么样都行。但是，我们希望你能明白什么是刚刚好的量，这样你才能做出正确的选择，以确保刚收拾好的空间一直维持良好的状态。但是，假如把我俩想象成挥着棒球棒的恶人对你来说更有用，那我们也不反对。这是你自己的整理之路，我们不过是你前行的后盾。

灵感来源

　　一旦你感觉家里又有凌乱的迹象（确有可能），赶紧登录一些家居网站，关注一些家居整理账号，或者逛逛家居商店，你会马上再次拥有整理家里的能量和动力。有时，添置一些新的杂志架，或是放一个好看的盒子在书架上，就能让家里保持整洁。

致谢

　　我要跟我的丈夫约翰、我的孩子斯特拉和萨顿说"谢谢"。斯特拉，我知道你觉得这本书不可能完成，但是这次真的完成了。然后我还要特别感谢杰米帮助我维系家庭和事业；感谢我的父母一直做我的强力后盾；感谢我的妈妈罗伯塔对我的巨大影响；感谢我的婆婆丽兹一直支持我；感谢我的兄弟达希尔，他才是我们家族的作家。我爱你们，无以言表。

——克莉

　　谢谢我的外祖父 A. 阿尤·埃尔金德，他一直胸怀大志并且如此教育我们；谢谢我的外祖母罗塞拉，日复一日坚定地为我的事业呐喊助威；谢谢我的父母——莎莉和斯图亚特，姐姐亚历克西斯，姨妈马西，公婆——盖尔和马文，祖父母——丽塔和厄夫。当然，不能少了我的丈夫杰瑞米、孩子迈尔斯和马洛，谢谢他们无私的支持，支持我完成写这本书的冒险。

——乔安娜

　　没有经纪人林赛·埃奇库姆，编辑安杰林·博尔希奇，设计师米娅·约翰逊，制作经理金·泰纳，制作编辑阿比·奥拉迪波，排版亚历山德里娅·马丁内斯和主编埃斯林·贝尔顿这个了不起的团队，以及他们的支持与付出，我们根本不可能完成这本书。最后，特别的感谢送给我们的粉丝、关注者和客户。